U0162154

湿地中国科普丛书
POPULAR SCIENCE SERIES OF WETLANDS IN CHINA

中国生态学学会科普工作委员会　组织编写

楼宇秘境
城市湿地

Mysterious Niches among Buildings
— Urban Wetlands

安树青　主编

中国林业出版社

图书在版编目（CIP）数据

楼宇秘境——城市湿地 / 中国生态学学会科普工作委员会组织编写；安树青主编. —— 北京：中国林业出版社，2022.10

（湿地中国科普丛书）

ISBN 978-7-5219-1905-9

Ⅰ.①楼… Ⅱ.①中… ②安… Ⅲ.①城市—沼泽化地—中国—普及读物 Ⅳ.①P942.078-49

中国版本图书馆CIP数据核字(2022)第185507号

出 版 人：成 吉
总 策 划：成 吉 王佳会
策 划：杨长峰 肖 静
责任编辑：许 玮 肖 静
宣传营销：张 东 王思明 李思尧

出版 中国林业出版社（100009 北京市西城区刘海胡同 7 号）
http://www.forestry.gov.cn/lycb.html 电话：（010）83143577
印刷 北京雅昌艺术印刷有限公司
版次 2022 年 10 月第 1 版
印次 2022 年 10 月第 1 次
开本 710mm×1000mm 1/16
印张 15
字数 170 千字
定价 60.00 元

未经许可，不得以任何方式复制或抄袭本书的部分或全部内容。

版权所有 侵权必究

湿地中国科普丛书
编辑委员会

总 主 编

闵庆文

副总主编（按姓氏拼音排列）

安树青　蔡庆华　洪兆春　简敏菲　李振基　唐建军　曾江宁

张明祥　张正旺

编　　委（按姓氏拼音排列）

陈斌（重庆）　陈斌（浙江）　陈佳秋　陈志强　戴年华　韩广轩

贾亦飞　角媛梅　刘某承　孙业红　王绍良　王文娟　王玉玉

文波龙　吴庆明　吴兆录　武海涛　肖克炎　杨　乐　张文广

张振明　赵　晖　赵　中　周文广　庄　琰

编辑工作领导小组

组　　长：成　吉　李凤波

副组长：邵权熙　王佳会

成　　员：杨长峰　肖　静　温　晋　王　远　吴向利

　　　　　李美芬　沈登峰　张　东　张衍辉　许　玮

编辑项目组

组　　长：肖　静　杨长峰

副组长：张衍辉　许　玮　王　远

成　　员：肖基浒　袁丽莉　邹　爱　刘　煜　何游云

　　　　　李　娜　邵晓娟

《楼宇秘境——城市湿地》
编辑委员会

主　　编

安树青

副 主 编

陈佳秋　赵　晖

编　　委（按姓氏拼音排列）

安　迪　陈　俊　陈美玲　傅海峰　康晓光　罗　青　邵一奇

王春林　许　信　杨棠武　姚雅沁　张静涵　张巧玲　张轩波

赵　飞　朱正杰

插图与摄影作者（按姓氏拼音排列）

陈福宝　陈佳秋　陈　俊　陈嫣嫣　胡海东　蒋　星　金虹雨

康晓光　潘劲草　沈　辰　王　健　谢惠强　许　信　许志平

杨　武　尹树捷　于　琳　俞　志　张可凡　赵　晖　周建华

朱正杰　宗树兴　等

序言

　　湿地是重要的自然资源，更具有重要生态系统服务功能，被誉为"地球之肾"和"天然物种基因库"。其生态系统服务功能至少包括这样几个方面：涵养水源调节径流、降解污染净化水质、保护生物多样性、提供生态物质产品、传承湿地生态文化。同时，湿地土壤和泥炭还是陆地上重要的有机碳库，在稳定全球气候变化中具有重要意义。因此，健康的湿地生态系统，是国家生态安全体系的重要组成部分，也是实现经济与社会可持续发展的重要基础。

　　我国地域辽阔、地貌复杂、气候多样，为各种生态系统的形成和发展创造了有利的条件。2021年8月自然资源部公布的第三次全国国土调查主要数据成果显示，我国各类湿地（包括湿地地类、水田、盐田、水域）总面积8606.07万公顷。按照《关于特别是作为水禽栖息地的国际重要湿地公约》（简称《湿地公约》）对湿地类型的划分，31类天然湿地和9类人工湿地在我国均有分布。

　　我国政府高度重视湿地的保护与合理利用。自1992年加入《湿地公约》以来，我国一直将湿地保护与合理利用作为可持续发展总目标下的优先行动之一，与其他缔约国共同推动了湿地保护。仅在"十三五"期间，我国就累计安排中央投资98.7亿元，实施湿地生态效益补偿补助、退耕还湿、湿地保护与恢复补助项目2000余个，修复退化湿地面积700多万亩[①]，新增湿地面积300多万亩，2021年又新增和修复湿地109万亩。截至目前，我国有64处湿地被列入《国际重要湿地名录》，先后发布国家重要湿地29处、省级重要湿地1001处，建立了湿地自然保护区602处、湿地公园1600余处，还有13座城市获得"国际湿地城市"称号。重要湿地和湿地公园已成为人民群众共享的绿色空间，重要湿地保护和湿地公园建设已成为"绿水青山就是金

---

① 1亩=1/15公顷。以下同。

山银山"理念的生动实践。2022年6月1日起正式实施的《中华人民共和国湿地保护法》意味着我国湿地保护工作全面进入法治化轨道。

要落实好习近平总书记关于"湿地开发要以生态保护为主,原生态是旅游的资本,发展旅游不能以牺牲环境为代价,要让湿地公园成为人民群众共享的绿意空间"的指示精神,需要全社会的共同努力,加强湿地科普宣传无疑是其中一项重要工作。

非常高兴地看到,在《湿地公约》第十四届缔约方大会(COP14)召开之际,中国林业出版社策划、中国生态学学会科普工作委员会组织编写了"湿地中国科普丛书"。这套丛书内容丰富,既包括沼泽、滨海、湖泊、河流等各类天然湿地,也包括城市与农业等人工湿地;既有湿地植物和湿地鸟类这些人们较为关注的湿地生物,也有湿地自然教育这种充分发挥湿地社会功能的内容;既以科学原理和科学事实为基础保障科学性,又重视图文并茂与典型案例增强可读性。

相信本套丛书的出版,可以让更多人了解、关注我们身边的湿地,爱上我们身边的湿地,并因爱而行动,共同参与到湿地生态保护的行动中,实现人与自然的和谐共生。

中国工程院院士
中国生态学学会原理事长
2022 年 10 月 14 日

　　城市湿地，顾名思义就是坐落在城市中的湿地。千百年来，人类择水而栖、逐水而居，聚落和城市不断从湿地中产生、发展和兴旺，而城市湿地也在繁华都市的高楼大厦间熠熠生辉。不管是倒映着楼宇广厦的壮阔湖水、穿城环绕的碧水河渠，还是房前屋后的小微池塘，都在诉说着湿地与城市的紧密相连、唇齿相依。城市湿地是距离人们最近的湿地，是我们身边的湿地，给我们人类提供了丰富多样的资源与功能，"会呼吸的海绵体""高效的净化器和调节器""富饶的生命摇篮""美丽的绿色明珠"等都形象地描绘了城市湿地带给我们的福祉。因此，城市湿地不仅见证了人类文明的兴衰，也支撑着都市的兴盛发展，更是我们生活中不可或缺的绿意空间。

　　今年适逢我国正式加入《湿地公约》30周年。30年来，我国湿地保护修复工作取得了丰硕成果，法规制度体系日趋完备，保护管理体系初步建立，工程规划体系日益完善，调查监测体系日益形成，对外履约不断深化。为了充分发挥城市的生态价值，促进城市发展与湿地保护的和谐发展，我国不断鼓励各级政府和社会各界强化湿地保护工作，积极推动和规范国际湿地城市认证提名，生态文明建设获得显著成效。

　　2022年11月5日至13日，《湿地公约》第十四届缔约方大会将于武汉、日内瓦同时举行，围绕"珍爱湿地 人与自然和谐共生"主题，审议《湿地公约》发展战略性议题，发布《武汉宣言》、公约战略框架等大会成果，助力实现联合国2030年可持续发展目标。

　　为了梳理我国湿地资源，展现我国湿地特色，中国林业出版社策划了"湿地中国科普丛书"。本书作为丛书之一，围绕城市与湿地的关系，以给读者传递科普知识为目标，用科学性、科普性、艺术性相结合的语言编撰而成。全书共包括8章，分别是"逐水而居话城市""湿地馈赠润都城""因湿兴城鉴历史""漂浮在湿地上的家""城湿相融照现实""满目疮痍湿地殇""护湿蝶变展新颜"和"点滴行动向未来"。通过介绍城市湿地的类型和功能、湿地与城市的古今关系、城市湿地的保护修复等科普性知识，为读者提供了解和认识城市湿地的途径，普及湿地知识、提升其湿地保护意识。

本书参考了众多历史古籍、科研论文，前人的智慧是对城市湿地的精妙概括，我们是在感奋、激动的心情中完成《楼宇秘境——城市湿地》写作的。本书中引用了不少能够展示城市与湿地共荣关系的词句、地图、照片，对于作者、摄影者表示感谢；同时，衷心感谢关心本书和为本书作出贡献的所有单位和同仁。

因本书由多学科、多部门的专业人员集体编辑而成，内容繁简不一，章节各有侧重，编者对不同章节尽力做了规范与统一，但是难免出现错误和不妥之处，欢迎各位学者与业内人士批评指正，衷心希望广大读者提出宝贵意见。

本书编辑委员会

2022 年 5 月

目录

翁江润城（广东翁源瀚江源国家湿地公园管理处供稿，杨武/摄）

　　随着城市化进程的快速推进，高需求的城市发展用地不断地挤压城市生态空间。城市湿地作为城市生态的重要构成部分，在涵养城市水源、丰富市民生活、提供宣传教育等方面发挥着多重作用。那么什么是城市湿地？城市湿地包括哪些类型？城市湿地有哪些功能？本篇将带您了解楼宇间的蓝色秘境——城市湿地的魅力。

　　城市湿地是指分布于城市中的各类湿地，它既是一种独特的湿地类型，又是一个独立的研究领域和对象。城市湿地作为促进城市可持续发展的重要因素，在生态、景观、社会服务等方面具有重要的功能。本篇从纵横交错的生命网络——城市水系引入，介绍城市湿地的不同类型与特点，共同探索人与自然和谐共生之路。

逐水而居话城市
——城市湿地的类型

纵横交错的生命网络
——城市水系

湿地被誉为"地球之肾""天然水库""天然物种库""淡水之源",如果没有湿地,就没有丰富的水资源。同时,水是湿地的重要组成部分,是湿地的生存之本,离开了水,湿地将不复存在,二者相互依存、密不可分。

《管子·乘马》云:"凡立国都,非于大山之下,必于广川之上。高毋近旱而水用足,下毋近水而沟防省。"①

"依山傍水,逐水而居"是国内外早期城市发展的主要特征。在古代城市选址中,"水"是首要考虑因素。我国历史上的古都名城大多沿水分布,体现了城市建设与自然界的江湖水系有着密切关系这一特点。其原因一方面是城市建设与居民生存需要充足的水源供给;另一方面,古时最常见及重要的交通方式是水运,借助江河或人工开凿的运河以实现对外交通及运输的目的。例如,秦朝的国都咸阳,盛世汉唐的国都长安,都分布在渭河边上;洛阳也是伴河而生,"三河建洛都"即指黄河、洛河和伊河共同孕育了古都洛阳。在近现代城市发展中,城市水系是塑造

———————————

①《管子·乘马》是研究中国古代先秦学术文化思想的重要典籍。作者是春秋时期齐国政治家、军事家管仲。

城市景观空间环境的载体，是体现城市资源、生态环境和空间景观质量的重要标志，是城市总体空间框架中不可或缺的组成部分，是城市水文化的重要载体，是自然景观、人文景观、现代化建筑的协调统一体。可以说，"水"是城市发展的起源，是城市生存的基础。

城市内河流、护城河、人工湖以及大小沟渠等水体组成的水系是城市湿地的重要组成部分。除具有城市供水、交通运输、灌溉和水产养殖、军事防御、排水排洪、调蓄洪水、防火避浪等多种基础功能外，城市水系还具备一些重要的特殊功能。

一是构成城市的生态廊道。城市中的河流、湖泊等水系是水体、各种营养物质的流动通道，是城市蓄水和排洪的载体，是各种乡土物种赖以生存的栖息地，更是改善小气候和维护生物多样性的重要基础。

二是城市的休闲养生带。城市水系能为城市居民提供亲近自然、获得归属感的生态空间，提供休闲娱乐的场所。

三是城市重要的洪水调蓄空间。城市湿地可以通过调节河川径流、补给地下水和湖泊蓄水等方式调节城市过境洪水或突降暴雨，是蓄水防洪的天然"海绵"。

四是城市居民重要的饮用和生活供水水源。城市中河流、湖泊等水系是城市发展过程中极为重要的水源地，直接关系到城市供水和使用的安全，保护好城市水系是促进社会经济发展的前提。

五是城市景观形象的重要载体。城市的河湖代表着城市形象与特征，是市民日常生活的界面，是城市对外展示的亮丽窗口，也是人与自然和谐相处的重要平台。

六是蕴含着丰富的城市文化遗产。运河、水利设施、人工湖泊体现着城市历史与文化的积淀，是发掘城市故事、探索城市古迹的场所，是大自然留给人类的宝贵自然遗产。

七是城市重要的交通要道。河流、湖泊等水系是很多城市的交通要道，承担城市物质和能量输送功能。

城市湿地具备了城市自然生态系统不可替代的众多生态服务功能，决定着城市的可持续发展。但是，随着城市规模和人口的增加，当前城市湿地存在着一系列生态环境问题，如污染加剧，湿地面积减少；生物入侵，湿地原有生物链遭到破坏；过度围湖造地，水面萎缩，水量减少；人为破坏和干扰增加，湿地生态功能降低，等等。

保护好城市中的"水"是保护城市湿地的核心工作内容。党的十八大报告指出，"建设生态文明，是关系人民福祉、关乎民族未来的长远大计。"应优化国土空间开发格局，全面促进资源节约，加大自然生态系统和环境保护力度，加强生态文明制度建设。水是生态系统中物质与能量传递的核心媒介，森林、湿地、草原、荒漠有着不同的生态格局和生态环境，最本质的原因就是水。水生态文明建设是生态文明建设的重要组成部分，城市水系中水的演变是生态演变及城市发展的重要驱动力，认识、了解、探索城市水系的组成、功能、生态价值及保护策略，对于保障城市可持续发展、建设城市生态文明意义重大。

（执笔人：王春林、罗青、安树青）

原始社会初期，人类过着完全依赖自然的采集经济生活，农业、渔牧业成为他们最主要的生产生活方式。水是生命之源，居民的农牧业生产和日常生活都离不开水。因此，他们选择了临水而居，近水而种。面对洪水滔天，怀山襄陵，为了能生存下去，人们"湮高堕库，雍防百川"，即用泥土沿着人们居住的地方筑起一道土围，用来保护家园免受洪水侵袭，这便是城市的雏形。

在中国古代，城市的发展变迁和新都城的建立更是把河流作为重要的考虑因素之一。春秋时期，管仲提出都城建设要充分考虑水利因素，并提出"圣人之处国者，必于不倾之地，而择地形之肥饶者。乡山，左右经水若泽"，意思是圣人在为都城选址时，一定要选在地势平坦、土壤肥沃、物产丰饶的地方。背靠大山，左右有河流或湖泽，可以提供川流不息的水源。这表明，依山临水筑城，与河流共存共荣，成为古代城市建设的传统追求。

现代城市的发展和繁荣，还是离不开蜿蜒流淌的河流。世界上超过90%的城镇，都是依托江河湖海而生，逐水而居。如伦敦与泰晤士河、巴黎与塞纳河、维也纳与多瑙河、布拉格与伏尔塔瓦河……中国历史数千年，长江与黄河孕育出了源远流长的华夏文明，书写了波澜壮阔的璀璨篇章。

河流是城市形成、发展与演化的重要自然力，影响着城市社会、文化、经济等诸多方面的发展。在中国古代，许多城市因各种原因曾多次被拆建，而城址较为稳定的城市，大多都拥有稳定的河流水系。例如，著名的江南水乡苏州、绍兴，都已有2500多年的建造历史；成都始建于战国时期，距今已有2300年的历史。城市的兴盛繁荣与城市的地理位置密切相关，城市河流作为城市最重要的基础设施之一，即使历经战乱，惨遭多重破坏，只要城市水系骨架犹存，稍加修浚，城市又能逐渐恢复生机。由此可见，城市河流不仅是城市诞生的摇篮，更是一座城市发展繁荣的血脉。

自古以来，河流与城市的产生和发展息息相关，不仅影响城市形态、结构与布局，也是城市物资运输的交通廊道，还是体现城市空间与景观特色的重要组成部分。

河流作为城市发展的重要影响因素，在城市形成、发展以及演变过程中扮演着十分重要的角色，影响着城市的发展与布局。例如，江南水乡，城内河渠纵横、别具风貌，每座城因其水系形状的不同各具特色：苏州呈杰出的双棋盘城市格局；无锡城壕呈菱形，城市河流呈鱼骨状；绍兴有七条护城河，被称为"七弦"；嘉定城壕略呈圆形，城内河流为十字交叉状；南通的护城河呈葫芦形。

对许多城市而言，河流是城市连接的重要纽带，推动城市与外界的交流，为城市的发展与进步提供商机。在我国，许多港口城市的海港、河港是其繁荣发展的主要推动力。明代，随着江南至北京的大运河全线贯通，天津三岔河口的河运枢纽功能进一步增强，成为南北漕运重要的中转地。当然，现今的部分城市由于水路运输功能的衰退而失去了城市活力。例如，我国的开封、泉州和扬州，由于港口淤塞或运河运输被铁路替代而失去了昔日的繁荣。

城市，大都因水而兴起，因水而繁荣、发展。绝大多数历史悠久的城市都是先有河，后有城，许多城市的历史和特色均沉淀于河道之上。塞纳河，自中世纪初期以来，一直是巴黎之河，其河畔多情浪漫的建筑风格，向全世界呈现了一座座经得起岁月磨砺的艺术作品。黄浦江，上海的地标河流，推动了上海经济的繁荣，黄埔两岸也荟萃了上海城市景观的精华；广州，沿珠江生长，山水相依，城水相融，积淀形成了独具风情的岭南文化；著名的"水城"苏州，因其位于水网上，纵横交错的水系使苏州敢与"天堂"相媲美。

"智者乐水，仁者乐山"，这句传承至今的千古名言，熏陶了后人对水的亲近与向往，而河流与城市的相遇，是城市繁华与自然秘境的融合。一条河流，是一座城市蜿蜒流淌着的血脉，往往也寄存着一座城市岁月的故事。

（执笔人：王春林、罗青、安树青）

逐水而居话城市
——城市湿地的类型

碧波荡漾的耀眼明珠
——城市湖泊

城市滨水包括河、湖、江、海等形态，湖泊是其中之一。城市湖泊是指位于大中城市城区或近郊的大、中、小型各类湖泊，同时也是城市水文系统的重要组成部分。根据功能划分，城市湖泊可分为汇水蓄洪式城市湖泊、区域水源式城市湖泊、休闲游娱式城市湖泊、生态栖息地式城市湖泊四种类型。根据城市与湖泊的区位关系，可分为湖在城中、湖在城边、城在湖边。

东汉华信筑塘，始有西湖，唐刺史李泌引湖水入城，使得杭州繁盛，后白居易疏浚六井，北宋苏轼修筑堤坝，至南宋定都杭州修西湖园林，今西湖山水与杭州城市景观融为一体，终成绝世美景。一千多年来，西湖的自然之美吸引了无数的文人墨客，最引人入胜的乃苏东坡先生的"欲把西湖比西子，淡妆浓抹总相宜"，道出了西湖景色的美丽动人之处。

西湖三面环山，面积约6.39平方千米，东西宽约2.8千米，绕湖一周近15千米，湖中被孤山、白堤、苏堤、杨公堤分隔，由此形成了"一山、二塔、三岛、三堤、五湖"的景观格局，也塑造了"苏堤春晓、曲院风荷、平湖秋月、断桥残雪、花港观鱼、柳浪闻莺、三潭印月、双峰插云、雷峰夕照、南屏晚钟"著名的"西湖十景",并与自然山水、"三面云山一面城"的城湖空间特征、西湖文化史迹、西湖特色植物共同构成了杭州西湖文化景观。2011年6月24日,"杭州西湖文化景观"正式被列入《世界遗产名录》,为杭州打造一张世界级的名片奠定了基础。

武汉江河纵横,湖泊星罗棋布,东湖犹如一颗璀璨的绿宝石,镶嵌在城市中央,熠熠生辉。东湖,位于湖北省武汉市中心城区内,是中国乃至亚洲最大的城中湖之一,同时也是首批国家重点风景名胜区和国家AAAAA级旅游景区,为助力武汉城市高质量发展发挥着重要的作用。

近年来,武汉市提出打造现代化、国家化、生态化的大东湖国家城市生态示范区的要求,构建"生态之心、人文之心、融合之心"三心合一的东湖城市生态绿心,开启"大湖+"生态绿城全新时代。由此可见,东湖对于武汉城市发展的重要性日益彰显。为实现"建设城市生态绿心,打造城中湖典范"的战略目标,东湖生态旅游风景区十分重视生态保护和系统修复建设。通过加强水环境治理、推进湿地生态修复、推动东湖子湖水质均衡提升等措施,东湖逐渐恢复地绿、山青、水净的灵气。随着东湖樱花节以及各类文旅项目的更新提质,武汉东湖成为外地游客和当地市民最喜爱的热门景点之一。山水相依,人水和谐,城湖共生,是东湖与武汉相融相生的完美体现,更是武汉市一张亮丽的生态名片。

仲秋季节,高原上的阳光汹涌而来,风一般漫过苍山,洒在无垠的洱海之上。洱海,是云南省第二大高原湖

武汉东湖（于琳/摄）

泊，湖水清清，波光粼粼，其源头便是水鸟齐飞、绿树婆娑、芦苇摇曳的洱海湿地。洱海湿地生物资源丰富多样，天然湿地生态系统保存较为完整，有洱海大头鲤、灰裂腹鱼、大理裂腹鱼等特有鱼类，是许多越冬鸟类的栖息地和觅食地，也是濒危鸟类紫水鸡的生存地。

春夏之际，一对对水鸟在天地间来回穿梭，衔草叼叶，搭窝筑巢；一蓬蓬翠绿的芦苇吸纳着天地间的阳光雨露，不断地抽枝拔节，孕育着将在秋天绽放的雪白芦花；田田荷叶之下，疯长着如松毛的金鱼草，水下遨游着一群群小鱼，一幅人与自然和谐共生的美丽画卷徐徐展开，美不胜收。洱海湿地，就像是洱海的绿肺，滋养着多彩的生命，更像是大理的一颗"高原明珠"，闪耀着璀璨光芒。

城市湖泊作为自然过程与城市人类活动共同作用的产物，是城市重要的资源环境载体，具有调节水文和气候、改善水质和空气、文化娱乐、生物栖息、美化城市面貌等

重要生态服务功能。此外，城市湖泊对于一个城市的空间格局也是至关重要的。城市湖泊是城市中较大的水域空间，在空间格局中，它与山体相互协调和映衬，形成城市独特的空间界面和城市肌理，城市因为有了湖泊和山体，其山水架构才能得以实现，其城市功能才得以完善。如因为有了玄武湖和钟山才能凸显南京城独具一格的魅力；而西湖在周围群山的映衬下造就了杭州"水光潋滟，山色空蒙"的城市面貌。

　　大大小小的城市湖泊不仅是一个城市生态本底的重要组成部分，而且往往能体现一个城市的特征和发展水平，成为一个城市的"耀眼明珠"。

（执笔人：王春林、罗青、安树青）

逐水而居话城市
——城市湿地的类型

静谧神秘的物种乐园
——城市沼泽

　　沼泽湿地是指地表经常或长期处于湿润状态，生长着湿生植物或沼泽植物、土壤严重潜育化或有泥炭形成与积累的土地。我国沼泽湿地面积达1370.03万公顷，占天然湿地面积的37.85%，主要包括8种类型。

　　苔藓沼泽：发育在有机土壤的、具有泥炭层的、以苔藓植物为优势群落的沼泽。

　　草本沼泽：由水生和沼生的草本植物组成优势群落的淡水沼泽，包括无泥炭草本沼泽和泥炭草本沼泽。

　　灌丛沼泽：以灌丛植物为优势群落的淡水沼泽，包括无泥炭灌丛沼泽和泥炭灌丛沼泽。

　　森林沼泽：以乔木植物为优势群落的淡水沼泽，包括无泥炭森林沼泽和泥炭森林沼泽。

　　沼泽化草甸：为典型草甸向沼泽植被的过渡类型，是在地势低洼、排水不畅、土壤过分潮湿、通透性不良等环境条件下发育起来的，包括分布在平原地区的沼泽化草甸以及高山和高原地区具有高寒性质的沼泽化草甸。

　　内陆盐沼：受盐水影响，生长盐生植被的沼泽。

　　地热湿地：以温泉水补给的沼泽湿地。

淡水泉/绿洲湿地：以露头地下泉补给为主的沼泽。

森林沼泽、灌丛沼泽、苔藓沼泽和部分草本沼泽多分布在森林地带的林间地和沟谷中；草本沼泽和沼泽化草甸多发育在河（湖）泛滥平原、河漫滩、旧河道及冲积扇缘等地貌部位。由于沼泽湿地生态系统较为封闭，水文情况稳定，生态环境多样，生物种群丰富，适宜多种动植物繁衍生息，因此也成为许多珍稀动植物物种的天然栖息乐园。

2022年3月，包头黄河国家湿地公园迎来了大批的北迁候鸟。2000多只大天鹅飞过人海如潮的大地，或在空中自由飞翔，或在湖面追逐嬉戏，集结北迁，绘就了一幅美丽生动的自然画卷。

包头黄河国家湿地公园位于包头市南部、黄河北岸，是目前全国最大的严寒高纬度国家湿地公园。湿地公园自西向东由昭君岛、小白河、南海湖、共中海和敕勒川五个片区组成，分别以滩、水、园、泽、岛为建设主题。包头黄河国家湿地公园的湿地类型十分丰富，包括永久性河流湿地、湖泊湿地、洪泛湿地、库塘湿地和草本沼泽5大类型。夏季，草本沼泽植被郁郁葱葱、浮水而栖，入秋后，洁白的大天鹅如精灵般在湖面上翩跹翻飞，或起或落。丰富的生态系统和良好的生态环境吸引了众多野生动植物在此栖息和繁衍，湿地公园自然也就成为动植物的静谧乐园。

包头黄河国家湿地公园处于全球候鸟迁徙路线东亚－澳大利西亚线上，同时也在我国青海湖到三江湿地候鸟迁徙路线上，是重要的候鸟迁徙中转站。每年春秋两季都有成千上万的候鸟在此迁徙，如灰鹤、鸿雁、赤麻鸭、小天鹅、白琵鹭等珍稀鸟类。林草葱郁、百鸟竞飞、燕鹳翱翔的壮观景象随处可见，为湿地增添了生机与活力。

龙凤湿地，大庆城中的一片绿色天堂，也是我国为数不多的保存完整的芦苇沼泽湿地之一。龙凤湿地是由嫩江、乌裕尔河和双阳河冲积形成的平原地形，占地面积达5050公顷，地势开阔，水资源丰富。这里野生动物区系组成以古北界种占绝对优势，广布种混杂其中，经济动物种类繁多，多达200多种野生动物在该地栖息繁殖，具有较高的生物物种多样性。湿地植物以沼生和湿生植物为主，大面积的芦苇沼泽是其典型代表。

龙凤湿地，四季风景如画，生命如歌如诗，充满神秘之美。春天簇簇嫩芽，水波潋滟，水鸟游弋嬉戏；夏风吹拂，绿浪摇曳，鱼潜鸟藏；秋日芦花飞舞，落霞孤鹜，秋水长天；冬如木刻，冰封雪盖，苇黄蒲苍。龙凤湿地良好的生态环境为动植物提供了栖息繁衍的空间，丰富的动植物资源能维护生物多样性和稳定生态系统，两者相辅相成。同时，龙凤湿地作为城中湿地，对维持大庆城市自然景观、生态平衡和调节城市气候具有重要意义。

（执笔人：王春林、罗青、安树青）

湿地具有水质净化功能，通过自身的土壤－植物－微生物系统实现去除氮（N）、磷（P）、重金属、有机物、无机物和固体悬浮物的功能。由于天然湿地生态系统珍贵、脆弱，且承担污染负荷能力有限，不能大规模开发用于废水处理。鉴于此，人工湿地处理系统被广泛研究和应用。

人工湿地是效仿自然湿地对污染物进行降解的过程发展起来的一种用于污水处理的生态型工程技术，指人工筑成水池或沟槽，在水池或沟槽的底面铺设防渗漏的隔水层，填充一定深度的基质层，种植水生植物，利用土壤、人工介质、植物、微生物的物理、化学、生物三重协同的作用，通过过滤、沉淀、吸附、氧化还原、植物吸收、微生物分解等过程实现对污水中污染物的高效净化。与传统的污水处理设施工艺相比，人工湿地具有投资少、运行管理成本低、对水量水质变化适应性强、生态安全、操作方便、维护管理简单等优点。

按照污水流动方式进行划分，人工湿地包括表面流人工湿地、水平潜流人工湿地和垂直潜流人工湿地3种类型（图1）。

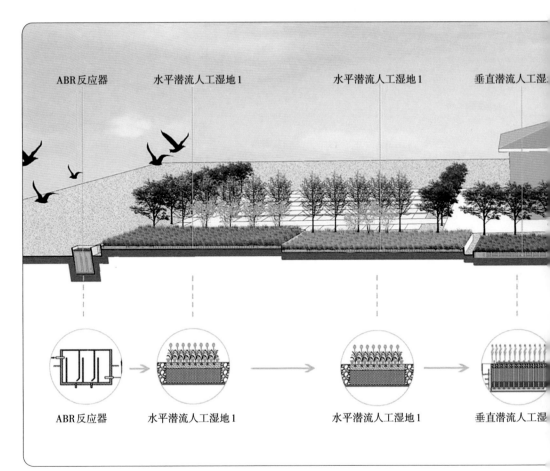

图 1　几种常见的人工湿地处理技术结构示意图（南京大学常熟生态研究院/绘）

表面流人工湿地是指污水、废水在湿地的土壤表层流动，水位较浅（一般为0.1～0.6米）。人工湿地的土壤表层主要是由植物气生根、水生根和枯枝落叶等形成的根毡层，能与水体中的水生植物共同为微生物提供附着生长表面，从而消除水中污染物。水体的均匀流动能促进空气中氧气的扩散，水生植物的根系也能传输部分氧气，源源不断地为水体提供氧气来源。表面流人工湿地去除总氮（TN）、悬浮物和有机物的效果较好，投资较小，但是其负荷低，占地面积大，北方地区的人工湿地冬季表面易结

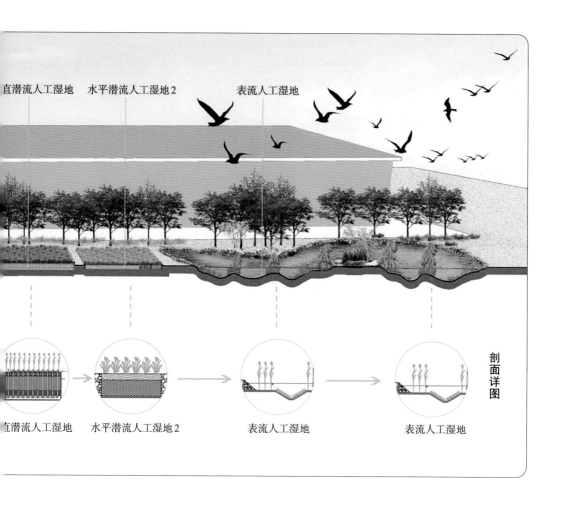

直潜流人工湿地　　水平潜流人工湿地2　　　　表流人工湿地

剖面详图

直潜流人工湿地　　水平潜流人工湿地2　　　　表流人工湿地　　　　表流人工湿地

冰，夏季容易滋生蚊蝇，散发臭味。

　　水平潜流人工湿地指污水从湿地的一端进入，以水平流经过基质，从另一端出水。在一定的水力坡降作用下，污水在湿地基质内大致呈水平方向流动。污水流动过程中，水平潜流人工湿地通过基质表面的生物膜、发达的植物根系及基质等生物、物理和化学作用来净化污染物。该系统可较好地去除化学需氧量（COD）、氨氮（NH_2-N）、生化需氧量（BOD）、总悬浮物（TSS）等，但由于基质内溶氧不充分，不利于硝化作用的进行，对氮、磷的去除效果不佳，且占地面积较大，成本消耗过大，控制技术复杂。

垂直潜流人工湿地是指污水垂直（上行或下行）通过池体中基质层的人工湿地。上行垂直潜流人工湿地是指污水从池体底部流入，从顶部流出；下行垂直潜流人工湿地中污水则是从顶部流入，从底部流出。同水平潜流人工湿地一样，垂直潜流人工湿地也是通过生物膜、湿地植物及基质的生物、物理和化学作用来净化污染物，但它一般通过间歇进水等方式使湿地基质床体处于不饱和状态，氧气通过大气扩散进入人工湿地床体，使其硝化能力强，去除氨氮效果好。该系统的污染物负荷和水力负荷最大，占地面积小，污水净化能力在三种类型的人工湿地中最强，但是污水的水力流程较短，反硝化作用较弱，且建造成本高、运行管理复杂。

雄安新区府河河口湿地，由府河、漕河和瀑河三条河流交汇形成，是白洋淀首个入淀河口人工湿地，也是华北地区规模最大的河口人工湿地。府河河口湿地入淀水量主要来源于保定市污水处理厂尾水、部分直排废水及上游水库补水，水质较差。为改善其入淀水质，研究团队开展了府河河口湿地水质净化工程。府河、漕河、瀑河三条河流在湿地交汇后，便进入前置沉淀生态塘，经沉淀处理后流入水平潜流湿地，最终经景观水生植物塘后，注入白洋淀。

府河河口湿地水质净化工程建设实施后，每日可净化上游污水处理厂尾水 25 万吨，实现非冬季总磷（TP）去除率 40% 以上，其他污染物指标去除率 30% 以上；冬季总磷去除率 30%，化学需氧量、氨氮、总氮（TN）去除

城西污水处理厂尾水湿地建设前（左）后（右）对比（南京大学常熟生态研究院/摄）

率达到20%的目标，真正体现了尾水湿地去污变清的神奇之处。

　　常熟市城西污水处理厂，原来是一片废旧鱼塘。为实现尾水生态性活化，增加水体生物多样性，进一步稳定水质，研究团队采用多水塘活水链技术，建设湿地生态净化系统，对排放达标的污水处理厂尾水进行生态降解削减。污水处理厂尾水流经进水河道生态净化区、景观提升区、表流湿地生态净化区、潜流湿地生态净化区和出水河道生态净化区5个部分后，水体氮、磷等污染物含量显著下降，极大地改善和提升了区域水环境质量。

（执笔人：王春林、罗青、安树青）

逐水而居话城市——城市湿地的类型

风光秀丽的养眼画卷
——城市景观水体

　　水体是自然环境和城市环境景观不可缺少的组成部分，山得水而活，树木得水而茂，亭榭得水而媚，空间得水而宽阔。可曲可直、可静可动、可显可藏的景观水体是城市中一条生动明朗的风景线，一幅风光秀丽的养眼画卷。

　　景观水体是指天然形成或人工建造的、给人以美感的城市、乡村及旅游景点的水体，如大小湖泊、人工湖、城市河道等。

　　景观水体具有极高的观赏价值、生态价值和社会价值。景观水体形式多样、动静结合，是景观艺术中最具魅力的一种要素，能给人以美的享受，点缀城市市容市貌，美化城市环境；在生态方面，不仅能调节气候，起到降温降湿的作用，而且水体中的不同种类的水生植物组合，能在一定程度上吸收降解氮、磷等污染物，有效净化城市水系，促进城市生态文明建设；景观水体还能为城市居民提供娱乐休闲场所。自古以来人类就有亲水性，水体景观给人带来轻松愉悦的心情，为人们提供参与各种与水有关的娱乐活动的机会，满足人们的精神和心灵需求，使环境与人类更加接近，促进人与自然和谐共处。

景观水体在中国古典园林中的体现尤为明显，"无水不成园"，水代表中国园林活的灵魂，是园林造景中不可或缺的部分。其历史最早可以追溯到西周时期周文王修建的"灵沼"，它是中国早期古典景观园林水体的原型。秦始皇时期，引渭水为池，建造了规模宏大的水景园——兰池宫。从西汉开始，我国造园效仿自然界的水体势态声貌来造湖、海、溪、涧等不同水景，形成了"不下堂筵，坐穷泉壑"的理水传统。到明清时期，我国古典造园艺术达到巅峰，其中，苏州拙政园、北京颐和园就是以水景取胜的南、北园林的鲜明代表。

苏州拙政园是江南私家园林的代表之作，居苏州园林之首，以理水艺术制胜。它是一个以水为主、以水成景的古园，水面面积约占全园面积的三分之一，整个水面既有分隔变化，又彼此贯通、互相联系，因势利导建亭台楼阁或配山石花木，形成各种不同意境氛围的水景。北京颐和园是一座以万寿山为基址、以昆明湖为主体的大型天然山水园，其中，以昆明湖为主的水面面积占全园总面积的四分之三。昆明湖中有五座岛屿，其中，藻鉴堂喻蓬莱、治镜阁喻方丈、凤凰墩喻瀛洲，体现了皇家园林"一池三山"的传统格局。

在中国古代，水体景观主要有泉、瀑、潭、溪、涧、池、沼、江、河、湖、海等类型，分别以高度写实性的真水构成自然之水景。现代城市景观水体在传统水景设计的基础上，结合城市环境发展需求，又形成了如喷泉、水幕以及池塘等形式多样的景观水体类型。

总体而言，现代城市景观水体形式包括静水、动水两

逐水而居话城市——城市湿地的类型

种。静水如湖泊、水库、池塘、水田、渊潭、水洼等，是自然环境和城市环境中最为常用的景观水体形式，作为景观，其具有其他水景无可替代的景观作用和风景价值。它映照着环境中的各种物象，满足各个视角的观赏；蜿蜒的水岸、葱郁的植被、清新的空气、健康的生态环境，供人们尽情地游历和体验生态空间；稳定的水位涨落规律和平静的状态，为人们提供了更多的近水、涉水活动。动水指流动的水，包括河流、溪流、喷泉、瀑布等，它与静水相比具有活力，令人兴奋、欢快和激动，如小溪的涓涓流水、喷泉散溅的水花、瀑布的轰鸣等，都会不同程度地影响人的审美感知。虽然现代景观水体在表现形式上存在一定差异，但一直都是城市景观的重要组成部分，是城市生态格局和人文特征的重要载体。

（执笔人：王春林、罗青、安树青）

湿地，与海洋、森林并称为地球三大生态系统，更享有"地球之肾"的美誉。在城乡建设发展过程中，河流、湖泊等大型湿地因其突出的形态功能和对人与自然的巨大影响而备受关注。然而，城市中一类体量较小、数量众多、分布广泛、聚集效益明显的小微湿地却容易被忽视。研究表明，小微湿地具有维持关键物种种群、提供生物迁移踏脚石、调节水文与雨洪等生态服务功能，以及景观游憩与自然教育等文化服务功能，在改善城市景观生态环境、提高城市人居活力和品质等方面具有独特价值，是城市文化与生态不可或缺的角色。

小微湿地是指永久的或间歇性有水的、面积在8公顷以下的近海和海岸湿地、湖泊湿地、沼泽湿地、人工湿地，以及宽度在10米以下、长度在5千米以下的河流湿地，包括小型的湖泊、坑塘、河浜、季节性水塘、壶穴沼泽、泉眼、丹霞湿地等自然湿地和雨水湿地，以及湿地污水处理场、养殖塘、水田、城市小型景观水体等人工湿地，即小微湿地包括自然湿地和人工湿地两大类。小微湿地尽管面积比较小，但具有水质净化、调节小气候、美化景观和生态环境、保护生物多样性、增进亲水空间、科普宣教等功能，极大地改善了城市人居环境，让居住在城市中的人可以在单色调的城市建筑中获得与自然亲近的机会，让心灵在繁华都市间得到诗意的寄放与栖居。

小微湿地是城市湿地生态网络的重要组成部分，主要是利用城市建设中多出来的集雨坑或者自然形成的坑洼，通过改变地形、增加生物多样性、恢复生物栖息地景观等措施，来恢复某一区域的生态系统功能。目前，我国非常重视小微湿地的建设工作，主要通过结合湿地公园、河道治理、黑臭水体治理等开展了一系列小微湿地生境恢复、生态提质工作，为发挥其生态服务功能、改善城市生态环境起到了重要的作用。

2017年，国家林业局（现国家林业和草原局）湿地保护管理中心提出编制《关于加强小微湿地保护恢复与监测管理决议的调研报告》与《小微湿地保护恢复与监测管理决议草案》。2018年10月，在阿拉伯联合酋长国举行的《关于特别是作为水禽栖息地的国际重要湿地公约》（简称《湿地公约》[①]）第十三届缔约方大会上，我国首次提出《小微湿地保护与管理决议草案》并顺利通过。从此，小微湿地保护得到了社会的广泛关注，也成为未来城市湿地建设的重要内容。小微湿地的建设逐渐成为一种趋势。

沙家浜国家湿地公园东南部科普园片区，原为展示湿地动物的渔乐园，包括7个水池，加上连接水池的进水渠和溪塘，水体总面积约5331平方米。为实现湿地净化，研究团队巧妙地利用7个水池将其设计成耐污沉水植物塘、藻类塘、挺水植物塘、沉水植物塘、浮叶植物塘、鱼类滤食塘、鱼类产卵塘，与进水渠和溪塘串成一套水质净化的活水链，组成一个小微湿地综合体。小微湿地综合体的设计，不仅实现了空间、水系的连通和水质净化，还具有观赏、体验、科普功能，充分发挥了各种生物功能群的作用和小微湿地群的生态功能，极大地提升了城市宜居水平。

古里镇，位于江苏省常熟市东郊，区域内以小型湖泊、河流、农田以及少量

[①]《湿地公约》，全称为《关于特别是作为水禽栖息地的国际重要湿地公约》，1971年2月2日订立于拉姆萨尔，经1982年3月12日议定书修正，公约秘书处设在瑞士。至今已有170个缔约方。

沙家浜国家湿地公园多水塘小微湿地（南京大学常熟生态研究院/摄）

分散的林地和堤坝为主。为促进古里镇湿地保护、民俗文化传播以及农业旅游，古里镇以"水田泽国农意创，波光鱼跃书声笑"为规划理念，结合水域生态工程、乡村湿地产业、田园综合体等建设小微湿地综合体。基于古里镇良好的生态环境，古里镇小微湿地综合体孕育出了丰富的生物资源，如水稻、家禽、蔬菜、芦苇等；人工与自然演替相结合的湿地开发模式形成了优越的湿地生态景观；独具特色的红色纪念文化、书院文化、耕读文化给古里镇增添了文化底蕴。"水间书香绕，芦荡渔樵归"，小微湿地让这诗意画境在繁华都市里重现，深刻还原了诗意栖居之美。

（执笔人：王春林、罗青、安树青）

楼宇秘境
城市湿地

楼宇间的水禽栖息地
——杭州西溪

　　西溪湿地坐落于浙江省杭州市，横跨西湖区与余杭区两个行政区，距离西湖约5千米，距离主城区武林门约6千米，东起紫金港路西侧，西至绕城公路绿带东侧，南起沿山河，北至文二西路，地处东经120°02′22″~120°05′07″、北纬30°15′01″~30°16′59″，总面积10.38平方千米，其中，湿地面积占比为54.05%。

　　2005年2月，西溪湿地成为全国首个国家湿地公园。2009年，西溪湿地被列入《国际重要湿地名录》。它是国内首个集城市湿地、农业湿地、湖泊湿地于一体的国家湿地公园，承担着城市防洪排涝、缓解"温室效应"和"热岛效应"、提供动植物栖息地、提供休闲娱乐场所等众多服务功能，是杭州绿地生态系统的重要组成部分，也是杭州生态安全和经济社会可持续发展的重要基础。先后获得"全国科普教育基地""国家AAAAA级旅游景区""国家生态文明教育基地""中国十大魅力湿地""中国湿地博物馆"等称号。

　　城市湿地是许多城市内野生动植物赖以生存的家园，在维护城市生态系统平衡、保护生物多样性，尤其是鸟类

西溪湿地局部俯视图（潘劲草/摄）

多样性方面具有特殊的重要意义。

　　湿地水鸟是自然湿地生态系统的重要组成部分，在湿地生态系统的物质循环、能量流动和信息传递中起着重要的作用，使生态系统保持相对的稳定。将湿地生态系统中水鸟等关键物种的群落结构和丰度作为国际重要湿地的评估指标和湿地修复重要内容也是国际湿地保护生态学的一个重要研究方向。湿地水鸟多样性的下降、物种的消失将会影响湿地生态系统组成与结构的完整性，进而导致生态系统功能受损与退化。

　　自西溪湿地综合保护工程实施以来，西溪湿地生物多样性日益丰富，其中，鸟类增幅尤为明显。监测结果显示，截至2021年年底，西溪湿地共记录到鸟类196种，比2005年建园时增加了127种。据调查，杭州市区约有鸟类300多种，西溪湿地几乎包含了本地区所有的鸟类类别，且湿地内兼有林鸟、水鸟和旷野鸟类，比较难得。这和西溪湿地与杭州的西部山区和西北郊的农田地带相接，处于多种生境的交接地带密切相关。其中的莲花滩观鸟区，面积约35公顷，周围植被丰茂，宁静清幽，吸引了种类丰富的水鸟和林鸟，是众多观鸟爱好者和摄影爱好者的"天堂"，也是青少年科普教育和野生动物保护教育的重要基地之一。

在西溪湿地可以见到不少珍稀濒危鸟类的身影。其中，被列为国家一级保护野生动物的鸟类有4种，分别为青头潜鸭、东方白鹳、白头海雕、朱鹮，被列为国家二级保护野生动物的鸟类有黑冠鹃隼、凤头蜂鹰、黑鸢、小鸦鹃等28种。自2021年开始，西溪湿地启动朱鹮野化回归试验并取得了阶段性成功，为朱鹮野外放飞及跟踪监测提供了宝贵经验，对推进朱鹮南方种群重建具有重要意义。除了鸟类，截至2021年年底，西溪湿地共监测到维管束植物784种，昆虫98种，鱼类56种，成为名副其实的杭城"物种基因库"。

"一曲溪流、一曲烟"是西溪湿地水乡特色景观的写照。西溪湿地公园有纵横阡陌的河网港汊，1066个鱼鳞状排布的池塘。桑基、柿基、竹基构成的"三基鱼塘"，不仅是西溪湿地独特的地貌特征，也造就了西溪湿地独特的气质。西溪湿地原住民千百年来的农耕、渔耕等传统生态农业生产方式造就了其独特的民俗文化。西溪的民俗风情多姿多彩，民俗文化内容丰富，如著名的西溪船拳、蒋村武术、龙狮滚灯、东岳庙会、陈聚兴染坊、词人祭祀等。

每年端午节，深潭口都会举行龙舟表演，其两岸设有看台。相传清乾隆皇帝南巡江南，在一次微服出访时，闻得蒋村龙舟的盛名，特意在端午节这天来到深潭口观看龙舟。看得高兴时，乾隆皇帝欣然御封此龙舟竞渡为"龙舟胜会"，现古樟之下有"龙舟胜会"石碑，据说是乾隆皇帝御赐，从那时起，"龙舟胜会"便成为蒋村龙舟的金字招牌，声名远播，成为蒋村、五常一带的传统民俗文化活动之一，延续至今已有500多年的历史。

西溪湿地有以"荡、滩、堤、圩、岛"为特色的自然景观，也有以秋雪庵、茭芦庵、烟水庵、曲水庵、洪园等景点为特色的人文景观。此外，以湿地内的特色花草树木、鸟兽虫鱼为代言产品，形成了"探梅节、花朝节、龙舟节、火柿节、听芦节、干塘节"等独具湿地生态文化特色的品牌节庆活动，不仅使市民游客充分领略了湿地公园独特的人文底蕴，同时也建立了他们与西溪湿地的深层次连接，实现了生态保护和文化传承的可持续发展，让湿地文化在新时代焕发风采。

　　不论是晨曦初露，还是夕阳西下，在湿地散步、感受大自然是杭州人的一种爱好。对他们来说，西溪已经完全融入生活，成为家门口的"诗和远方"。

（执笔人：张巧玲）

闹市中的湿地果园
——广州海珠

广东省广州市海珠区，位于珠江三角洲弱潮河口，整个行政区域由海珠岛、官洲岛、丫髻沙岛等组成，是广州11个市辖区中唯一的"岛区"。全域地势低洼，大部分地区地面标高在2米以下；河涌密布，有大小河涌74条，水面率高达19.38%。地处海珠区东南部的海珠国家湿地公园，总占地面积约1015.3公顷，是中国特大城市中心规模最大、保存最完整的生态"绿核"，被誉为广州的"城市绿肺"。

古代的海珠区属番禺县管辖，与广州城区仅一江之隔，城郊农业特色鲜明，是广府地区重要的水果、蔬菜、花卉和茶叶产区之一。至20世纪80年代，现海珠湿地一带的农业生产以果树种植为主，故被称作"万亩果园"。自20世纪90年代起，政府部门对万亩果园的功能定位从重生产向重生态转变，将其视作广州城市的"南肺"。1999年，广州市规划局批准实施海珠区果树生态保护区总体规划。但由于周边地区城市化、工业化的快速推进，相较于传统的"种果树"，村社居民更愿意选择"种房子""种农庄"获取收益，导致违章建筑、河涌污染等环

海珠湿地全貌（谢惠强/摄）

境问题普遍存在，果树经济效益持续下降。自1998年起，政府部门租赁部分果园陆续建成瀛洲生态园、龙潭果树公园、上涌果树公园，但对提升村社经济发展发挥的作用仍然有限，果林经济效益低且果园不断被蚕食的问题未得到有效解决。进入21世纪，随着广州城市建设快速东进、南拓，特别是受2003年小谷围岛大学城建设的影响，原本地处城市边缘的万亩果园至2004年已经被围于城市中央。2010年广州亚运盛会举办前夕，广州塔、海心沙岛、花城广场等重大市政工程陆续完工，组成了"广州市新城中轴线"。万亩果园地处中轴线南端，与广州塔直线距离仅有3千米，土地开发价值大幅提升。由于果树保护区范围内村社的土地开发受到限制，政府"保肺"和村民"保胃"之间的矛盾更加凸显。为了彻底解决民生问题、提升广州城市形象，广东省于2011年初作出了"加快万亩果园保护利用"的工作部署。2012年3月，国土资源部批准同意广州市采用"只征不转"方式对万亩果园进行整体征地，此为全国首个"只征不转"政策。万亩果园共征地790公顷，涉及3个街道、8个联社、11382户34146人，是海珠区有史以来最大的征地项目。

2012年，广州市和海珠区将万亩果园核心区域申报为国家湿地公园试点建设单位。2015年，海珠国家湿地公园通过国家林业局试点建设验收。2016年，海珠湿地与西溪湿地等一同被《中国经济周刊》评选为国家湿地公园"四颗明珠"。经过多年的建设，海珠湿地现已成为广州市民可达、可享的重要生态空间，城市生态环境重要的调节和稳定器。近年的持续监测数据表明，湿地生态系统得到全面恢复，水质、空气等相关监测指标呈现逐年稳定向好趋势，生物多样性稳步提升。目前，海珠湿地范围内主要水质情况为Ⅳ类水至Ⅲ类水标准，部分区域水质能达到Ⅰ类、Ⅱ类水标准。据2022年3月统计，自2015年自动监测站建成以来，海珠湿地鸟类从72种增加到183种，维管束植物从294种增加到835种，昆虫类从66种增加到536种，鱼类从36种增加到60种。

2021年11月，以海珠湿地作为主要核心保护区的广东海珠高畦深沟传统农业系统从全国92个申报项目的激烈竞争中脱颖而出，成功入围20项第六批中国重要农业文化遗产项目。该遗产是两千年以来海珠先民在紧邻广州城、商品农业发达的社会经济背景下，充分利用高温多雨、地处珠江口北缘、水网密布的自然条件，创造和发展的一类极具珠江三角洲地域特色的农业生产系统。人们通过顺涌建围、设置闸梪、挖沟抬畦、沟（涌）泥上田，以发展旱作为主、兼顾养殖，巧妙构建了极富智慧且旱涝保收的"基围＋水椏＋高畦深沟＋园艺作物＋禽鱼养殖"生产模式及"水—果（菜、花卉）—草—鱼—鸟"完整的生态链，实现了人与自然和谐共生的美好愿景。

目前，海珠湿地是广东省唯一的国家重点建设湿地，在海珠区旅游产业中占据举足轻重的地位，是区"一环、二核、三带、四区"全域旅游发展空间布局中的"生态旅游核心"及"生态文化休闲旅游区"。凭借便捷的交通和丰富的资源，海珠湿地通过成立自然学校、农耕教育基地，开展了各式各样的自然教育、农耕文化科普活动。近年来，海珠湿地陆续获得了中国人居环境范例奖、生态中国湿地保护示范奖、全国林草科普基地、全国中小学环境教育社会实践基地、全国自然教育学校（基地）等重要荣誉。

（执笔人：赵飞）

信江两岸风光美（许志平/摄）

在原始部落时期，城市雏形尚未形成，先祖们选择了长江、黄河等国内主要水系，与山水相伴而居。城市发展深化的漫长历史表明，湿地是城市最重要的立地条件，而依托河、湖湿地建市是一条普遍规律。城市，因湿地而兴盛，在大多数城市的发展中，往往都伴随着一条条悠久的河流或者一汪汪明镜似的湖泊、一片片生机的沼泽，它们与城市相互依偎，成为城市中不可或缺的资源。

湿地为城市的生产、人类的生活提供丰富的资源，有强大的生态环境功能和效益，并且在抵御洪水灾害、补充地下水、美化生活环境、控制污染物、调节局部气候、提供生物栖息地、支持自然联通等方面有其它生态系统不可替代的作用。

湿地馈赠润都城
——城市湿地的功能

会呼吸的海绵体
——受纳洪水

在城市中，湿地以河流、湖泊、沟渠、沼泽的形象出现在我们眼前，它们有着迷人的曲线，常常与自然的河道连为一体。

湿地是一块会呼吸的海绵，当城市遭遇暴雨和洪水时，它努力地吸收水分并保存到自己的身体中，在水生植物和岸线的共同努力下，减缓水流速度，降低洪水对城市的破坏力。

为什么称湿地为"会呼吸的海绵"呢？那是因为湿地土壤具有特殊的物理水文性质，土壤中具有孔隙度很大的草根层和泥炭层，可以保持高于它自身重量3~9倍或更高的蓄水量。被湿地吸收的水都储存于湿地的土壤或表层水中，一部分水经过湿地为地下储水系统增添水量，成为长期水源；一部分水被湿地均匀地放出，避免大量流水同时到达，延长洪水在陆地的留存时间；还有一部分水则在流动过程中通过蒸散而提高了局部地区空气湿度（图2）。

湿地中生长的植物种类丰富多样，有挺水植物、浮水植物、沉水植物等。湿地植物的生长状况、密集程度影响湿地对水体的调蓄作用，当洪水来临时，挺水植物被部分

图2　湿地中的土壤有很强的蓄水性（金虹雨/绘）

淹没，它们的茎部、叶片能有效减缓水流，延迟下游洪峰的形成。例如，黄菖蒲，是鸢尾科鸢尾属的多年生挺水宿根植物，栽植于河湖沿岸或沼泽地上。它植株高大，根茎短粗，叶子宽大茂密，根系狠狠地扎入土壤中，当水流经过时，成片的黄菖蒲能降低流速，延缓水流冲击。

　　城市湿地对暴雨、洪水有非常重要的调节和控制作用，可缓解城市内涝。2013年"菲特"台风期间，杭州的西溪湿地滞留近0.13亿立方米洪水，大大降低城西水位。在江西南昌，城区内溪港纵横，湖泊密布。每当暴雨来袭，大大小小的湖泊、河流开始做功，吸纳来水，排泄城区积水，有效减轻城市排洪压力。

　　在沿海城市，经常在海边能望见绵延不绝、繁盛茂密的大片树林，它们的枝条相接于水云间，根系深扎于滩涂，构成了独特壮观的景象。这种植被叫做红树林①，当潮水退去，它们是盘根错节的森林；当潮水来袭，海水会没过植株大部分，仅留一小块树冠露出水面。在广东广州，红树林分布于南沙区和番禺区，主要有蕉门河红树林、南沙湿地公园红树林、石楼红树林等。遇到台风天气，红树林能有效阻碍汹涌海浪的冲击，快速涌动的海水被红树林按下了慢速键，减轻了海洋灾害。发达的根系，还可防止泥沙流失，巩固海岸附近的水土，试想一下，如果没有红树林的存在，海浪不停地侵蚀泥土，很有可能导致海边的堤坝损毁。

（执笔人：许信、安迪、安树青）

---

① 红树植物是热带、亚热带海区潮间带特有的高等植物，为耐盐、常绿乔木或灌木。红树林是生长在海陆生态系统交错带唯一的木本群落，在海洋、陆地碳循环中具有重要作用。

　　"仁者乐山，智者乐水"，乐水亲水是人的天性。城市中的居民生活在钢筋水泥搭建的森林中，他们渴望感受绿色美景，亲近自然。城市湿地提供了绿意盎然的休憩场所，它拥有独特的生境、多样的动植物群落等环境优势和丰富景观，对于城市而言有着强大的美学观赏价值，是人们休闲、放松的好去处。

　　水景观通常以平静的湖泊、欢快的河流、跌宕的叠水等多种多样的形态出现，增添了迷人风采。湖泊水面，大多是宁静的，它们的滨水岸线多被水生植物围合，平静的水体犹如一面镜子，映射出水岸边美丽的风景，水面和陆地融合在一起，别有一番景象。河流以流动的水体，通过曲折婉转的形态以及水流拍打沿岸石头的响声，展现出优美的形态。流水通常出现在丛林或水体的一端，因为流水是线性的存在，通常道路会设置在它的一侧，夏季游人沿水步行其中，动听的水声带给人们清凉的感受，也能引起人们无限遐想，跌落的水流可以给人的听觉和视觉带来双重享受。

　　在城市湿地中的水更是一座城市的韵律和诗意所在，

优美的水环境不仅装点城市风貌，也为居民提供了乐享水空间的机会。河流、湖泊、池塘这些高颜值的水景观，无时无刻不在美化着城市的生态环境。在南京玄武湖公园，区域内湖泊分成三大块，北湖、东南湖及西南湖，湖内由湖堤、桥梁和道路连通。公园中有清澈见底的湖水，游览其中可观水草飘摇、小鱼畅游，种类丰富的植物吸引着各种生物前来。与公园马路之隔的是繁华的都市建筑，公园为城市打造出一个绚丽的绿洲，提升了城市的整体环境和氛围。

宋朝大文豪苏轼（1037—1101年），曾两次到杭州任职，苏轼曾在上奏的《乞开杭州西湖状》[①]中称："杭州之有西湖，如人之有眉目，盖不可废也。"他将杭州西湖称为城市之眼，这可能是迄今为止对水景观与城市湿地最为生动的比喻，深刻地反映了城水相依相融，城市以水为眼目、视水为灵魂的关系。

（执笔人：许信、安迪、安树青）

---

① 北宋苏东坡任杭州知州时向朝廷上了《乞开杭州西湖状》的奏章，这是官方文件中第一次使用西湖这一名称。

生活在城市中的人们，难以躲避来自空气、饮水、食物、噪声乃至光的污染，尤其在城市污水排放方面，城市中的基础设施虽然可以收集污水，但是仍然有一部分污水未能被收集处理。2020年，我国污水排放量为571.36亿立方米，污水年处理量达557.27亿立方米，城市污水处理率为97.53%，仍有14.09亿立方米的污水未能被处理，而直接排入湖泊、河流、库塘等水体，这些污水最大的特点就是氮、磷含量较高，对人们生活环境造成破坏。

城市湿地在滞留沉积物、营养物和降解有毒物质等方面具有强大的净化功能。湿地的水体净化功能依赖于水中生长的各种挺水、浮水和沉水植物，浮游生物以及微生物等各种生物。湿地通过物理过滤、生物吸收与分解、化学合成与分解作用等过程，将进入湿地的污水和污染物中的有害有毒物质降解或转化为无毒无害的物质，减少经湿地流向下游水体的有害物种的数量，达到净化水体的作用。

湿地中的微生物对氮、磷等污染物具有高效去除功能，效率高达60%～90%。城市湿地中土壤湿度大，通气性差，这种土壤环境下微生物的反硝化作用较为强势。

反硝化作用主要表现为将处于氧化态的氮化物转化为如氮气等气体释放或用于生物自身合成蛋白质。同时，湿地中的土壤通过吸附、沉淀和固定的方式将污染物磷牢牢地困在土壤颗粒之中，植物的根系和土壤一起合作吸收和消灭污染物。在湿地的努力下，这些受污染的水体能有效得到净化，为城市的地表和地下水水质安全起到一定的保障作用。

湿地植物有着强大的净化作用，它们在进行光合作用后，通过茎叶和根系向土壤和水体输送氧气。在湿地植物的生长中，可以吸收污水及填料表面吸附的氮、磷、有机物等营养物质，达到削减污染物的作用（图3）。

不同植物对于不同污染物的去除效果各异。例如，芦苇、香蒲能去除污水中的有机物、无机污染物，可吸收铜、钴、镍、锰及氯化烃，根部能分泌天然抗生物质，降低污水中的细菌浓度，去除病原体；美人蕉不仅有观赏价

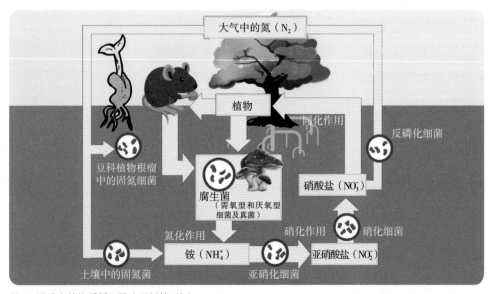

图3 湿地中的物质循环图（尹树捷/绘）

值，而且能吸收二氧化硫、氯化氢及二氧化碳等有害物质，抗性较好，叶片虽易受害，但在受害后又重新长出新叶，很快恢复生长；狐尾藻属于多年生沉水草本，其根部十分发达，可以在泥水中扎根繁衍，依靠在水中的细小根茎获得泥土和水域中的营养物质，对富营养化水中的氮磷均有较好的净化作用，在湖泊、河流等生态修复工程中是净水工具种和植被恢复先锋物种；睡莲是多年生浮叶型水生草本植物，除具有很高的观赏价值外，睡莲花可制作鲜切花或干花，睡莲根能吸收水中铅、汞、苯酚等有毒物质，是集水体净化、绿化、美化于一体的多功能性植物；千屈菜属多年生草本，当盛夏来临之际，它们就会迎着热烈的日光开放，深浅不一的紫色小花绽放于枝头，对富营养化水体有一定的净化作用，尤其是对于磷的吸收能力是比较强的。

当然，单一植物的净化能力总是有限的，所以我们在湿地中能看到各种不同植物搭配在一起种植，这样植物能发挥各自的协调作用。例如，芦苇通气组织较发达，具有较强的输氧能力，而茭生长密集，具有较强的吸收氮、磷的能力，芦苇、茭种植在一起能更好地处理水体污染问题。

在城市中，设计师将一些湿地用作小型生活污水处理地，大大提高了水的质量，保障了人们的生活和生产用水安全。

（执笔人：许信、安迪、安树青）

快乐的调节器
——减尘降温

随着城市的高速发展，过多的二氧化碳等温室气体的排放、矿物燃料的广泛使用等因素，使全球变暖成为我们必须面对的问题。除了我们常规认知的全球气温升高问题外，暖冬、炎夏等极端气候都值得关注。身在城市中的我们经常有这种感受：市区气温较高，但是周边郊区相对气温却有所下降。夏季，这种感受更为明显：置身于城市，被烤化的沥青道路和往返于城市建筑物之间的热风让人感到闷热，即便是夜晚，气温降低，城市依然散发着炙热，宛如一个蒸箱。

已经有科学研究表明，湿地的蒸散是水域面蒸发的2~3倍，蒸发的水量越多，造成的结果就是拥有水体的地域温度越低。大规模与大强度的水体蒸发，引发近地面的空气中水分含量增加，从而降低区域温度，达到了缓解城市高温的效果，有效地降低了都市的气温。

城市中大大小小的湿地可以降低周围的温度，增加空气的湿度。因为水的比热容大于土壤、水泥等下垫面，决定了水体热量储存能力大的特性，也就是在相同的外部条件下，水体与其他下垫面相比，温度上升缓慢，夏季的白

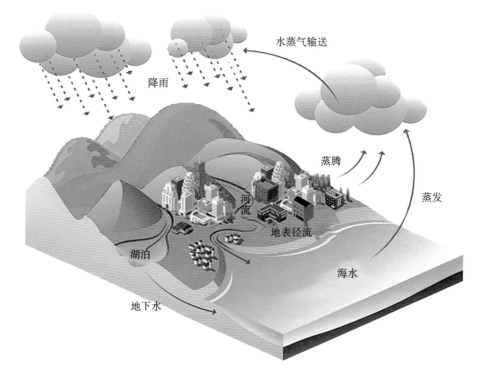

水蒸气输送

降雨

蒸腾

蒸发

河流

地表径流

海水

湖泊

地下水

图4　湿地中的水循环（许信/绘）

天，气温非常高，水泥、土壤等下垫面增温迅速，但是水体却比周围温度低，到了夜晚，土壤与水泥在散热，但是水体依然缓慢地吸收周围的热量，这样就形成了有水的地方温度较低的现象。在降雨时，植物可以吸收储存雨水，经过阳光的照射，以蒸腾与蒸发的形式重新回到大气中，再一次以降水形式来到这片区域，开始了新一轮的水循环运动（图4）。

　　科伦坡位于锡兰岛西南岸，濒临印度洋，是斯里兰卡最大的城市与商业中心。该城市是进入斯里兰卡的门户，素有"东方十字路口"之称，从中世纪起，这里就是世界上重要的商港之一，享有盛誉。科伦坡紧邻大海，拥有无限的湿地风光。这是一座美丽的湿地城市，湿地资源丰富。湿地能降低10℃地表温度，这种降温的功效能延伸100米，覆盖超过50％的科伦坡市区，能帮助区域每年减少约1.41亿斯里兰卡卢比的空调使用费用。同时，湿地可以捕捉和清除微粒，减少心肺及呼吸系统疾病，降低医疗费用。

（执笔人：许信、安迪、安树青）

城市湿地拥有各种形态的浅滩、湖泊、洲岛，它们为生物多样性提供了非常适宜的生活空间。湿地是水陆过渡带，这种特殊性也决定了湿地具有水域和陆地两个系统的部分特征。存储于湿地中的水，为维持湿地植物的生长和代谢提供了良好的物质条件；湿地植物又为湿地动物提供了丰富的饵料。因此，湿地养育了高度集中的鸟类、哺乳类、爬行类、两栖类、鱼类和无脊椎物种，也是植物遗传物质的重要储存地。很多珍稀水禽的繁殖和迁徙离不开湿地。根据2020年度"国土三调"调查成果，按照《国际湿地公约》口径统计，北京市湿地面积已达6.21万公顷，湿地为北京近50%的植物种类、76%的野生动物种类提供了生长栖息环境。

丰富的生物多样性是一座城市生态的形象名片，在城市的发展中保护生物多样性对于维护城市的生态平衡，改善居家环境有着非常重要的意义。在云南，古老的昆明城背靠滇池而建，造就了昆明水系纵横的生态环境，滇池不仅显著改善了城市人们的生活环境，也为许许多多的野生动植物提供了栖息繁衍的空间。"良禽择木而栖"，湿地中

从云南昆明西山风景区俯瞰滇池（陈嫋嫋/摄）

有符合鸟类觅食条件的栖息地，安全的生存环境及丰富的动植物资源，吸引大批野生鸟类包括迁徙的候鸟在此定居或停歇。滇池湖滨湿地已基本形成了以芦苇、菰、香蒲、李氏禾、柳树、杨树和中山杉为主的群落结构，在滇池南岸出现了喜清水的苦草、海菜花等物种，物种丰富度指数和多样性指数均有所提升。滇池现存鱼类增至26种，其中土著鱼类5种，分别是金线鲃、滇池高背鲫、银白鱼、云南光唇鱼、侧纹云南鳅，其中滇池银白鱼属多年未见的濒危物种。

（执笔人：许信、安迪、安树青）

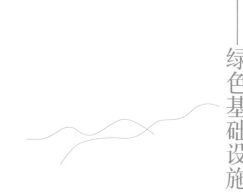

随着城市的快速发展，为了优先发展经济，道路、机场、桥梁等灰色基础设施大行其道，造成大量的自然景观被人为阻断，河流被截断，湖泊被填埋。尤其在城市建设、道路修筑、水利工程及农田开垦过程中，太多珍贵的乡土植物生境和动物栖息地被阻隔、摧毁。城市湿地作为城市的重要生态资源，与人们的生活密切相关，它是能提供可持续发展水源、改善环境的重要绿色资源。湿地将各类开敞空间、自然区域相互连接，组成一个相互联系、有机统一的自然支撑系统。

城市中的自然支撑系统主要由中心、连接廊道和小型场地组成（图5）。城市中成片的大面积的绿色湿地空间，具有很好的连通性，拥有多种生物，是生物重要的栖息地，能为人们提供良好的生活环境，是城市生态系统的核心区域。城市中的河流以线性的方式连接各类小型的绿色空间，构建起完善的雨水收集系统，为城市中生物的迁徙和栖息提供了条件。建设在小区、校园、街道、厂房附近的各类小型湿地，作为缓冲区域，能提供休憩空间，有效减少污水对水质的危害。湖泊、河流、沼泽、沟渠等大大

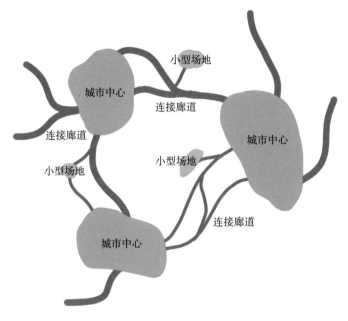

图5　城市湿地绿色基础设施网络（许信/绘）

小小的城市湿地，在城市中相互作用、相互沟通联系，可改善城市受损的生态功能，提高城市生态的稳定性，形成有效的生态保护空间，对城市环境的改善、人们日常生活水平的提升具有重大意义。

学者对北京、上海、广州1980—2015年气候要素、城市绿色基础设施形态特征演化的研究发现，随着城市湿地等绿色基础设施的增加，城市的扩张速度减缓，气温也有所降低。由此可见，城市湿地作为绿色基础设施的重要组成部分，可缓解城市洪水的危害，改善水的质量，节约城市管理成本，减缓城市热岛效应。城市湿地、提高绿化覆盖率可缓解气候变化和极端事件影响，为丰富城市景观，改善城市环境质量，在减缓或降低城市发展面临的灾害风险方面发挥重要作用。

（执笔人：许信、安迪、安树青）

城市湿地风景优美，意境悠远，在这大美的环境中，人们寄托了丰富的情感，陶冶了情操，寄予了美好的理想。

自古湿地就是文人诗词创作的主要对象。著名的古诗集《诗经》头一首写的就是湿地："关关雎鸠，在河之洲，窈窕淑女，君子好逑。"被王国维在《人间词话》中激赏，称之为"最得风人之致"的《诗经》中的《蒹葭》"蒹葭苍苍，白露为霜。所谓伊人，在水一方……"，写的也是湿地。从古到今，湿地激发出人们无数的创作灵感，这里既有湿地生态系统的统一和谐美，也有湿地植物展现的多姿多彩的形态美和色彩美，伴随着自然界的声音，例如，雨滴声、虫吟鸟叫声，极易使人产生情景交融、寓情于景的心理感受。

在城市的发生和发展过程中，河道两侧土地肥沃，给人类提供了发展农业生产的有利条件。人类最早的农耕文化，就是在湿地上诞生的。没有湿地就没有农业，也就不会有民族文明的形成。从7000多年前人类在湿地种植水稻至今，水稻已成为地球上半数人口的主食，在长期的发展中，稻作文化也孕育而生，并深刻的影响着城市的历史发展。

湿地对城市文化的发展和形成有很大的促进作用，成为现代城市文化不可缺少的有机组成部分。常熟素有"江南福地"的美誉，是吴文化发祥地之一，是国家历史文化名城，有着1700多年的建城史，文化底蕴深厚。常熟的湿地，历经了上千年的发展，是人与水共存共荣的历史，是湿地生态体系与人类渔耕、农耕文化交合演替形成的。经历了上千年的人文积淀，区域内留存了许多古民居、古桥、河埠以及诗词碑刻等，既是常熟历史发展的见证，也是湿地文化的繁衍。许多道路、地名都以湿地文字命名，"塘、浦、泾、浜"等具有湿地韵味的文字深深地镌刻在常熟大地上。通常塘与浦比泾与浜要宽；一般来说，塘与泾是东西流向的，浦与浜是南北流向的。

中国是一个多宗教的国家，主要有佛教、道教、伊斯兰教、天主教和基督教等宗教，这些宗教都分布在湿地资源丰富的环境中，富饶的湿地资源给宗教的存在、发展提供了有利的条件。宗教文化、宗教信仰、宗教活动及建筑等都与湿地有着密不可分的联系，宗教的生态伦理观念，加深了人类对湿地价值的认知和对湿地保护的自我约束，促进了湿地保护和建设。

水是湿地属性的决定性因素。道教中蕴藏着"水生万物"的宇宙观，佛教中"救苦救难"的观音水神，手持净瓶，是我国东南沿海湿地的保护神，舟山市已经成为最大的观音道场，是佛教徒的膜拜圣地。

宗教建筑包括祠庙、道观、佛寺等，它们都处于湿地的自然环境中，精致的建筑与天然的山水相映成趣。道教重视自然环境，在大环境的选择上重视以"洞天福地"作为修炼成仙的最佳环境，如都江堰湿地水碧山青、重峦叠嶂，正是道教所要寻求的"人间仙境"，洞天福地。这里的植被、森林、洞穴、瀑布等自然景观，是道教生态环境观的生动体现。佛教庙宇的选址也常在依山靠水的位置，以水为依托，许多寺庙中都有湖泊溪水。

湿地特有的水文环境，使之形成的景观具有自然之美；丰富的动植物资源，使之充满着天然野趣。宗教以湿地为原型，预设了无比美妙的人与自然和谐的生态圣境。

杭州的佛教文化最早可追溯到东晋时代。南宋时期，临安①作为全国的首都，一时之间兴建了大量的皇家园林和私家园林，寺庙园林也不在少数，几乎形成鼎足之势。临安遂成为远近驰名的"东南佛国"。东南著名的佛教禅宗五刹之中就有两处位于西子湖畔——灵隐寺和净慈寺。这些寺庙因山就水，立地环境优越，建筑布局山回路转，创造了园林化的环境，宗教建筑与山水等自然景观的相互融合也形成了颇具地方特色的园林景观。

（执笔人：许信、安迪、安树青）

---

① 杭州在南宋时期的名称，为南宋都城。

盐城聚龙湖湿地（陈佳秋/摄）

　　纵观古今，人类的文明史与湿地息息相关。作为人类文明高度集中的体现，城市也大都因湿地而兴起，因湿地而繁荣和发展。千百年来，人类社会傍水而居，生生不息。从游牧民族的逐水而栖到部落的择水而居，从生存的饮水保障到生产的农业灌溉，从河流的直接取水到围井而市，从漕运的便捷交通到港埠码头的兴盛繁荣，都与湿地中的水有着不解之缘。纵观城市的诞生、兴起与发展，更是离不开水，水不仅是城市社会经济发展所必需的自然资源和基本条件，河流、湖泊等湿地更是以航运、水产甚至水景观、水文化等形式造就了城市的特质。千年大运河的繁盛、神奇都江堰的传承、千古福寿沟的护佑，无不诉说、见证着城市在湿地中的成长与兴旺。

因湿兴城鉴历史
——城市之兴

千年大运河，育富饶之城

京杭大运河始建于春秋时期，距今已有2500多年的历史，是世界上工程最大、里程最长的古代运河，与长城、新疆坎儿井并称为中国古代的三项伟大工程。大运河南起余杭（今杭州），北到涿郡（今北京），途经今浙江、江苏、山东、河北四省及天津、北京两市，贯通钱塘江、长江、淮河、黄河、海河五大水系，全长约1797千米。千年大运河对我国南北地区间的经济文化发展和交流，尤其是对运河沿线城市的发展起了巨大作用。

自隋唐开始，运河的开凿便与城市的沟通明确地联结在一起。运河造就了城市的生死，城市影响着运河的兴衰，一荣俱荣，一损俱损，共同演绎着运河城市的悲喜剧。

运河的通畅带来了城市商业的繁荣，最典型的城市就是杭州和苏州。杭州兴盛始于隋，江南运河与浙东运河的沟通，奠定了杭州江海门户、大运河南端起始城市的独特地位，到了唐朝，杭州已然成为贸易兴盛的国内外通商口岸，唐朝诗人白居易曾用"灯火家家市，笙歌处处楼"来形容杭州的繁华。苏州位于江南运河与娄江交汇处，濒太湖，依长江，素有"江南水陆枢纽"之称，随着唐宋运河日渐贯通，逐渐发展成为全国棉纺织业和丝织业中心。

扬州，自春秋吴王开邗沟、筑邗城起，即成为运河扼要之地。南北商人与物资云集，江淮荆湖与岭南的物产尤其是东南一带的海盐，大多于此集散。扬州真正的兴盛始于隋唐，隋运河的开凿从根本上成就了这座城市，带来了大批的工匠、官员、水利技师以及商人，水流汇聚了人流，扬州城从此开始了繁荣天下的漫长历史。唐代，扬州成为中国东南地区第一大都会，有"扬一益二"之美誉；明代，扬州是两淮盐业的中心和南北漕运的枢纽，运河两岸商贾云集，甚为繁盛；清代，扬州是全国食盐供应基地和南北漕运的咽喉，再度出现经济文化上的繁荣。可以说，隋唐大运河的开凿，奠定、成就了扬州城无与伦比的经济和政治地位。

邗沟作为大运河的滥觞，让末口之地成为大运河的起源地之一，开启了淮安古城漫长的历史。隋唐时期，运河上漕船、盐船和其他商船千帆相接，四时不断，楚州（今淮安）以运河之便利，贸易发达，经济繁荣，发展成为区域性的政治、经济、文化中心，被白居易赞为"淮水东南第一州"。自1415年起，明朝政府下令停止海运，大运河成为国家最主要的商品流通干线，淮安被激活为大运河上重要的转运中心，商贾云集，贸易兴盛，繁华无比。

无论苏州、杭州还是淮安、扬州，这些南方城市的兴盛，运河并不是唯一的动因，江南的繁荣自有其底气，比如，适宜的气候和肥沃的土地，以及远离中原战乱前线的安逸。相比之下，全然因运河而受益的是山东的城市——济宁和临清。

元、明、清三朝，济宁都是治运中心。据记载，元朝至元年间，济宁的漕船多达3000艘，役夫2000余人，驻军过万，到了明朝永乐年间，驻军人数超过10万之众。临清的社会结构也与之类似，据《明史》记载，明朝在临清驻有重兵，仅小小的旧城中，兵户就超过了2000人。如同今北京、上海、广州这样移民众多的都市，外来人口数量同样是判断明朝和清朝"大都会"的重要指标。来往者众，才有街市繁荣，酒楼旅舍，甚至烟花产业也因此而发达。

通州，作为千年大运河的北端终点，对首都北京有着及其重要的意义，故有"一京二卫三通州"之说。元代，随着通惠河的开凿，南北大运河全线开通，漕运事业获得前所未有的大发展，通州的地位愈加重要，成为享誉全国的漕运仓储重地。遥想当年，天下风物，四海货源，江南丝绸，塞北毛毡，西域珐琅，东瀛奇器，皆聚通州。每逢春暖河开，通州运河岸边漕艘栉比、舳舻千里，千年大运河为"漂来的北京城"作出了历史性重大贡献。

此外，北京、天津、沧州、德州、聊城、徐州、镇江、湖州等重要城市，无不受益于千年大运河的馈赠，至今繁荣兴盛，加强了南北商贸的交流，促进了民族的融合。京杭大运河已经在中国的土地上流淌了两千多年，在这漫长的岁月中，对于中华文明产生了巨大而深远的影响，直到现在还继续滋养着我们伟大的中华文化！

（执笔人：赵晖、张静涵、安树青）

江面熙熙攘攘，码头商贸繁忙，北宋张择端的名画《清明上河图》展示了古人在"水运时代"借水生财的盛景。水运不但会带来财富，更会铸就城市，自古以来，长江干线各大城市繁荣非常，沿江的重庆、宜昌、武汉、九江、芜湖、南京、镇江等城市，均是国家政治、经济、军事要地。

在古代社会，有水运条件的河道就是"黄金水道"，如果说长江是"高速公路"，那么江西境内的水系就是"国道"和"省道"，江西不假人力而自成的水运通道，连通了江西的东西南北，凭借舟楫水利之便，尽享水运之利。以赣江为例，它和沿线的支流交汇就产生了城市：章、贡两江交汇产生了赣州；遂川河与赣江交汇产生了万安；蜀河与赣江交汇产生了泰和；禾水和赣江交汇产生了吉安；恩江与赣江交汇产生了吉水，赣江、抚河与鄱阳湖的交汇造就了水都南昌。

唐代初年，南昌古城的建立就是依托于赣江，据史书记载：东汉永平十三年（公元70年），豫章太守张躬构筑"南塘"，南昌港初现雏形，当时成"艤舟之所"，客货上

清明上河图局部（［北宋］张择端/绘）

下，非常繁忙；隋唐以后，由于大运河的开凿，赣江成为南北交通的主要水路，南昌也就逐渐成为重要的港埠。而作为赣江源头的赣州，依托这条水运交通的"黄金水道"，在唐代成为"五岭之要冲、粤闽之咽喉"，在宋代"商贾如云，货物如雨，万足践履，冬无寒土"，成为当时全国36个大城市之一。此外，许多赣江沿岸码头也发展成为手工业和商业的重镇，虽然它们不是行政中心，然而经济地位却超过了许多府县，闻名全国。比如，吴城镇，原先只是赣江进入鄱阳湖一带的弹丸之地，正是凭借水运之利，发展成了"舳舻十里，烟火万家"的商业重镇，江西运出的粮食大多在这里转运，被称为"洪都锁钥，江右巨镇"。再比如樟树镇，位于袁河汇入赣江一带，也是借助水运，成为药材集散地，有"药都"之称，明代熊化赞誉其为"赣中工商之闹市"。

四川沿江城市的产生发展也与内河水运息息相关，尤以嘉陵江最为典型。嘉陵江是我国西部沟通陕西、甘肃、四川、重庆诸地的一条重要的南北流向水上交通干线，在历史上具有重要的军事战略地位。嘉陵江沿线城市的发展始于南宋前中期，嘉陵水道是南宋王朝供给川陕防线驻军军需物资的重要航道。茶纲入秦州、军粮入兴元府、凤州马纲出峡路均由此而行，沿线阆州、果州、合州、重庆为转运重地，其中，合州控扼三江最为重要，是漕运川米的起点。此外，嘉陵江沿岸之古城阆中在"交通上亦收此江之利"，其"上下货物，几乎全赖水运"，这座曾在清朝担任过首府的城市，依靠嘉陵江丰富的水运优势，承担了当时的交通要道，"上可达广元，下可至重庆"就形容了那个时候，古城阆中靠一条绕城而过的嘉陵江的水运优势，促进了古城的发展和繁荣，那时的阆中甚至可以与成都齐名。

（执笔人：赵晖、张静涵、安树青）

因湿兴城鉴历史
——城市之兴

拜水都江堰，
润天府之国

都江堰，不仅是一个城市地名，甚至于不仅是一个水利工程，更是一个人与自然和谐共生的光辉典范、一个因势利导的生态理念。

古蜀多水患，成都平原尤甚。在都江堰水利工程兴建以前，号称"天府之国"的成都平原在古代是一个水旱灾害十分严重的地方。岷江源自阿坝藏族羌族自治州，南流经松潘、汶川等地，水流充沛，一到成都平原后流速陡降，夹带的大量泥沙和岩石随即沉积下来，淤塞了河道，每年雨季到来时，岷江和其他支流水势往往泛滥成灾，雨水不足时又会造成干旱。因此，岷江水患长期祸及百姓，侵扰民生，成为蜀地人民生存发展的一大障碍，"江水初荡潏，蜀人几为鱼"，成为当时成都平原饱受洪水肆虐的真实写照。

秦昭襄王五十一年（公元前256年），蜀郡太守李冰，吸取前人治水经验，率领当地人民修建都江堰，通过修筑鱼嘴分水堤、飞沙堰溢洪道和宝瓶口进水口等主体工程，将岷江水流分成两条，其中，东边的一条水流引入成都平原，水流窄而深，被称为"内江"，西边的另一条水流宽

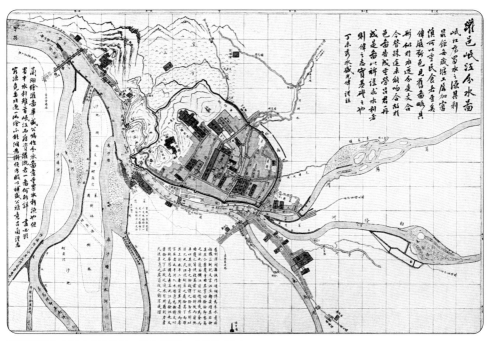

灌邑岷江分水图（［清光绪末年］吕蘭，盛光伟/绘）

而浅，被称为"外江"。都江堰水利工程巧妙地设置了四六分水的比例，利用地形和水位差，枯水季大约六成江水流入较深的"内江"，而汛期六成江水从水面宽阔的"外江"流走，这样既可以分洪减灾，又可以引水灌田、变害为利。刊刻在二王庙的"乘势利导、因时制宜"八字治水格言就道出了都江堰的治水之"道"。

都江堰是当今世界年代久远、唯一留存、以无坝引水为特征的宏大水利工程。它充分利用当地西北高、东南低的地理条件，根据江河出山口处特殊的地形、水脉、水势，乘势利导，无坝引水，自流灌溉，使堤防、分水、泄洪、排沙、控流相互依存，共为体系，保证了防洪、灌溉、水运和社会用水综合效益的充分发挥。都江堰利用鱼嘴分流引沙、飞沙堰排沙泄洪、宝瓶口引水抑流等效用，形成一个运作良好的有机整体，历时2200多年依然发挥着不可替代的作用。

天府之国因都江堰而生，更因都江堰而兴。正因为有了都江堰的滋养，才有了成都平原的富足，才孕育了天府之国源远流长的人文文化。

在岷江的灌溉下，成都平原迅速发展。《史记》评价："关中左崤函，右陇蜀，沃野千里，此所谓金城千里，天府之国也。""天府之国"的美名从此不胫而走。东晋史学家常璩在《华阳国志》里也认同这一看法："水旱从人，不知饥馑，时无荒年，天下谓之天府也。"时至唐朝，仍流传着"扬一益二"的说法。文学家陈子昂在《上蜀川军事》中认为："国家富有巴蜀，是天府之藏，自陇右及河西诸州，军国所资，邮驿所给，商旅莫不皆取于蜀。"到了南宋，四川每年财税收入3342缗[①]，占南宋财税年收入的三分之一，具有举足轻重的功用。如今，都江堰灌溉了四川1/20的土地，提供了1/4的粮食产能，养育了1/3的全省人口，集中了全省近半的经济总量；每年为成都提供30亿立方米的生态环境供水，漂运木材40多万立方米，鱼塘产鱼50余万斤[②]，运输沙石材料100万吨以上，为四川的经济进步和社会稳定作出了极为重要的贡献。

（扒笔人：赵晖、张静涵、安树青）

---

① 缗：读mín，成串的铜钱，1缗钱等于1贯钱，即1000文钱。
② 1斤=500克。以下同。

辞书《尔雅·释水》中有言："水中可居者曰'洲'，小洲曰'渚'。"良渚之名，寓意就是"美丽的水中小洲"，堪称江南水乡代名词。

水乡泽国，良渚古城依水而生。良渚人就是在这片沼泽地上，开始修建城市，他们在沼泽地上堆起高地，然后两边形成河，石头堆砌起河岸，用竹篱笆、竹编精心编织成优美的护岸。水绕城而居，这种生活模式，如今仍然能在乌镇、周庄里找到踪迹。

良渚古城本身就是一座水城，九座城门中只有一座陆城门，八座水城门实现了城内水系的环通，外郭以内的河道绝大多数为人工开挖而成，总长度达32千米。作为一座营建于河网湿地之上的城市，水路运输是良渚古城最普遍的交通方式，玉料、粮食、石块、木材等重要物资通过河网水道从古城外源源不断地运输进来，繁忙的河港成为维系古城日常运作的生命动脉。

水带来了丰富的物产、机遇和繁盛，同时也埋下了危险的种子。良渚人生活的天目山是浙江省的暴雨中心之一，每当夏季来临，充沛的雨水容易泛滥为汹涌的山洪，对地处下游平原的良渚古国形成直接的冲击。天才的良渚人民，为了抵抗山洪的侵扰，创造性地在良渚古城外围打造了一个由11条坝体、3个水库构成的大型水利系统，由山前长堤、谷口高坝和平原低坝组成，完美利用了地形和自然山体，不仅能挡住山洪，保护良渚古城，还能把水流汇集起来，形成东西两个地势较高的水库，形成13平方千米的储水面，库容量可达4500万立方米，暴雨时节蓄水量可达6000多万立方米（相当于4个西湖），可阻挡百年一遇的降水量。该水利系统是良渚古城的有机组成部分，是迄今所知中国最早的大型水利工程，也是世界上最早的拦洪水坝系统。它证实良渚古城由内而外具有宫城、王城、外郭和外围水利系统的完整都城结构，是世界上已

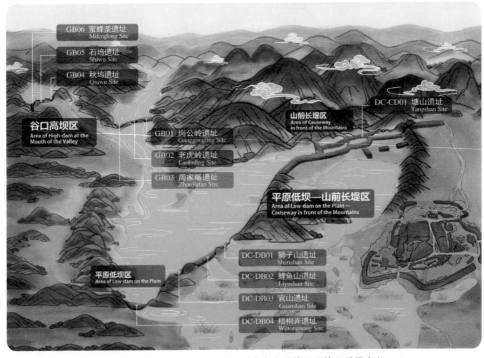

图6　良渚古城外围水利系统分布图（图片来源：杭州良渚遗址管理区管理委员会）

发现的结构保存最完整的早期都城系统，将中国水利史的源头上推到距今5000年左右。

　　良渚人修建的宏大的防控洪体系水利工程，治理了52平方公里的流域，使它以及良渚古城周边不到100平方千米的范围变成了良田，良渚先民的生业开始以稻作经济为主，在良渚古城莫角山之东曾发现堆积有上万千克炭化稻谷的储粮窖穴，经过计量换算，储藏的稻米在未被炭化之前的总重达约13吨。良渚古城水利工程带来的稻作农业的成就，在中国新石器时代乃至世界范围同时期文化中都是具有唯一性和先进性的。良渚古城外围水利工程（图6）与古城内外水网相互连通，发挥着防洪、运输、调水、灌溉等功能，从而使得良渚文明延续兴盛了1000余年。

（执笔人：赵晖、张静涵、安树青）

因湿兴城鉴历史
——城市之兴

千古福寿沟，护章贡盎然

在江西赣州，有一个美丽而古老的传说，说的是赣州城是龟形，城下有只巨大的乌龟驮着，卧在章江、贡江二水之间，随着江水的涨落而浮沉。因此，赣州城才得以千年免受洪涝的伤害。这当然只是一个传说，但要说赣州古城千年不受洪涝灾害，倒是真的。不过这不是因为"神龟"，而是因为一项伟大的防洪排涝系统——福寿沟。

赣州城地处亚热带，雨水丰沛，历史记载最大日降雨量曾达200毫米，加上其被章江、贡江、赣江三水环绕，福寿沟建设之前，常年饱受水患，百姓苦不堪言。

为使城市免遭内涝之灾，福寿沟应运而生。在距今900多年前的北宋熙宁年间，时任赣州知州的刘彝为百姓修建了一条名为福寿沟的沟渠，为后世留下了一笔厚泽千秋的财富。据同治《赣州府志》记载："寿沟受北城之水，东南之水则由福沟而出"，两沟因形似篆体的福寿二字而得名。千百年来，每当洪水肆虐时，这条沟都能让这座古城免于内涝，赣州城从此再无水患侵扰。

福寿沟是一套罕见的、精密而成熟的古代地下排水系统，是世界上早期最杰出的排水系统之一。它位于赣州市章贡区老城区地下，是赣州古城地下的大规模古代砖石排水沟管系统，也是一个至今还在发挥作用的"活文物"。

根据城市地势西南高、东北低的地形特点，按照分区排水原则，刘彝建成"福沟""寿沟"两个排水干道系统，依据水力学原理，利用水力使闸门自动启闭，使城市雨水、污水自然排入章江和贡江。同时，福寿沟采用明沟和暗渠相结合、与城区池塘相串通的方式，防止沟水外溢，进行废水再利用。在赣州古城内分布着108个池塘，这些池塘都与福寿沟相通，当赣州城内水流无法排入江河时，池塘就负责储存，防止水流漫溢街道，当洪水退去后，江河水位下降，城内水流通过管网流进江里。"纵横行曲，条贯井然"，主沟辅之以后期修建的支沟，形成了古代赣州城内主次分明且排蓄结合的排水网络，有效地降低了城市内涝的发生频率。此外，福寿沟建设还考虑了生态效益最大化。福寿沟与城内三大池塘（凤凰池、金鱼池、嘶马池）和几十口小塘（清水塘、荷包塘、花园塘等）连为一体，有调蓄、养鱼、溉圃和污水处理利用的综合功效，形成了一条生态环保循环链。

这和今天提出的"海绵城市"理念不谋而合，它让赣州老城区能像海绵一样，在应对暴雨洪水时具有良好的弹性，有很强的吸水、储水、渗水、净水能力。下雨时把雨水存储起来，等需要用水时可以把储存起来的水释放出来加以利用，将洪水变成水资源。

如今，纵使天上狂风暴雨，赣江洪水汹涌，依靠着集中了古人智慧的福寿沟，赣州城既无洪水之灾，也无积水之涝。千年古城屹立在三江汇合之处，栉风沐雨，巍峨壮丽。

（执笔人：赵晖、张静涵、安树青）

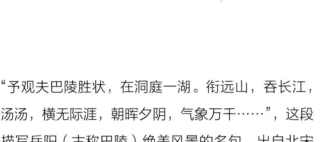

洞庭天下水，
岳阳天下楼

　　"予观夫巴陵胜状，在洞庭一湖。衔远山，吞长江，浩浩汤汤，横无际涯，朝晖夕阴，气象万千……"，这段话是描写岳阳（古称巴陵）绝美风景的名句，出自北宋大文学家范仲淹的《岳阳楼记》，一篇传世美文成为中国文学史上的丰碑，无人能出其右。汹涌洞庭，滚滚长江，孕育了岳阳，孕育了岳阳楼，成全了范仲淹流传千古的绝唱。

　　岳阳是水的故乡，以"洞庭天下水、岳阳天下楼"而闻名于世。八百里洞庭水奔岳阳而来，喜马拉雅山皑皑雪水在四川盆地绕了几道弯，汇同川渝之水，冲出巫峡，一泻而下，直奔岳阳。自古以来，岳阳因水而生，因水而美，因水而兴。远古时代的"云梦泽"就是指岳阳楼下的洞庭湖美景，唐代诗人孟浩然被八百里洞庭的阔大境像深深震撼，留下了"气蒸云梦泽，波撼岳阳城"的千古名句。

　　岳阳自古以来被称为"湘北门户"，北枕长江，怀抱洞庭，尽收三湘四水，占尽湖南水。据统计，岳阳境内共有大小湖泊165处、大小河流280多条，著名的汨罗江几乎全程流经岳阳。岳阳是湖南唯一的临江口岸城市，城陵矶港是长江上八大良港之一，早在清朝时就是对外开放的口岸；岳阳港也是长江航运湖南唯一一站，沿长江上可到重庆，下可达武汉、上海等。在唐代以前，由于地处"北通巫峡，南极潇湘"的水路要冲，岳阳一直都是威名远扬的军事重镇。

岳阳楼是古城岳阳千百年来的一张亮丽名片。三国前期，吴国大将鲁肃在巴陵山上修筑"阅军楼"，用以训练和指挥水师，阅军楼临岸而立，登上阅军楼便可观望洞庭全景，湖中一帆一卒尽收眼底，"岳阳天下楼"便是由此而起。"诗仙"李白在这里把酒临风，挥笔写下"水天一色，风月无边"的波澜壮阔；"诗圣"杜甫抱病登岳阳楼，写下"昔闻洞庭水，今上岳阳楼"的千古名句。然而，真正让岳阳楼名扬天下的其实是中国宋代名臣范仲淹"先天下之忧而忧，后天下之乐而乐"的忧国忧民情怀和鞠躬尽瘁的精神。

这座有着2500多年历史的古城，也是爱国诗人屈原的行吟与魂归之处。公元前278年，秦军攻入楚国都城郢，远在六百多里之外的屈原听到消息后，抱石投入汨罗江，以身殉国。为了纪念屈原，每年五月初五，沿江百姓纷纷投放粽子，并举行大型民间龙舟赛，岳阳由此被称为端午节龙舟竞渡的发源地。此外，大江大湖哺育下的岳阳人，记忆中的美味也离不开这片丰沛的水域，小龙虾、大闸蟹、"巴陵全鱼席"远近闻名。唐代诗人李商隐有诗曰"洞庭鱼可拾，不假更垂罾；闹若雨前蚁，多于秋后蝇"，足以见得岳阳的湿地物产何其丰富。

（执笔人：赵晖、张静涵、安树青）

因湿兴城鉴历史
——城市之兴

静谧洱海月，
梦归叶榆城

　　彩云之南，云贵高原的崇山峻岭之间，一湖狭长如月的碧蓝尤为引人瞩目，它温柔多情，它深邃明丽，好像一只眼睛深情地凝望着这片土地，它就是白族人民的金月亮、大理的母亲湖——洱海。洱海因形状似人的耳朵而得名，虽然称之为海，但其实是一个湖泊，据说是因为白族人民没有见过海，为表示对海的向往，所以称之为洱海。

　　洱海古称叶榆泽、昆明湖、昆弥川，白语音为"耳稿"，意为"下面的海子"。大约在350万年前，因喜马拉雅地壳运动，洱海地区断陷成一个湖盆，在外力的侵蚀下，冰川退缩，水流汇集于此而形成湖泊，经过数百万年的发育，形成今天的湖形。洱海全长约42千米，水域面积约252平方千米，平均水深10米，最深处达21米，是云南第二大高原淡水湖泊，有"大理生命源泉"的美誉。

　　早在5000多年前，人们便在洱海周边繁衍生息，创造了灿烂的"洱海文化"，考古学家和历史学家将史前在苍山麓、洱海边生活的人群定名为"湖滨人"，认为他们是白族最古老的先民。千百年来，洱海如一轮新月静卧在雄伟的云贵高原与横断山脉之间，孕育了叶榆城（今大理古城）悠久的历史文明和辉煌灿烂的文化，是白族人民生生不息的摇篮。苍山洱海，山水相依，在这片神奇的土地上，先后崛起南诏、大理两个地方政权与唐、宋王朝鼎足而立，在之后元、明、清三朝，洱海又如一条涓涓长河滋养和哺育出祖国西南边疆历史文化名城——大理，洱海以其温婉、内敛、包容的个性成就了一片山水田园，和谐乐土。

在大理有这样一首打油诗："一水绕苍山，苍山抱古城，古城孕四方，四方归古镇"，这就是大理古城和苍山洱海的关系。洱海并不大，但苍山却比想象的更加巍峨，古城在苍山脚下，古城附近的古镇居住着白族人民。"下关风，上关花，苍山雪，洱海月"是这里旖旎风光的四大景致，这里田地肥沃、村落相连，崇圣寺三塔笔立挺拔，风光、名胜、民俗融为一体，无不诉说着白族人民的浪漫生活。

自古以来，洱海就是大理经济社会发展的原动力，是大理人赖以生存的基础，大理人亲切地称洱海为"母亲湖"。洱海的物产资源十分丰富，湖中的各种鱼类、虾、螺蛳、菱角、海菜等，哺育着当地的人民群众，带来了大量的经济收益，造就了富足的生活。除此之外，洱海还具有工农业生产用水、调蓄防洪、旅游航运、水产养殖、调节气候等多种生态功能，更是大理30万人的饮用水源，守护着大理古城的繁荣与兴盛。

（执笔人：赵晖、张静涵、安树青）

因湿兴城鉴历史——城市之兴

苍山洱海（赵晖/摄）

赏鹤舞鹿鸣，话沧海桑田

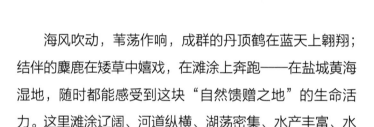

　　海风吹动，苇荡作响，成群的丹顶鹤在蓝天上翱翔；结伴的麋鹿在矮草中嬉戏，在滩涂上奔跑——在盐城黄海湿地，随时都能感受到这块"自然馈赠之地"的生命活力。这里滩涂辽阔、河道纵横、湖荡密集、水产丰富、水陆交汇、海天一色，处处散发出迷人的魅力。

　　2019年，在第43届世界遗产大会上，盐城黄海湿地作为中国黄（渤）海候鸟栖息地列入《世界遗产名录》，成为我国第一块、全球第二块潮间带湿地世界遗产。它拥有世界上面积最大的连片泥沙滩涂，是亚洲最大、最重要的潮间带湿地，全球极度濒危鸟类勺嘴鹬90%以上在此栖息，全球80%的丹顶鹤来此越冬，这里也被誉为"动物的天堂"。而这片承载着鹤舞鹿鸣的湿地，正是从盐城千百年来沧海桑田的海陆更替中传承而来，黄河、淮河、长江日夜东流，夹带着大量泥沙在浅海湾逐渐堆积，历经千万年的翻腾宣泄，才在黄海之滨造就了这片广袤的滩涂湿地。

　　漫长的历史长河中，盐城这片历经了沧海桑田的湿地不仅为野生动植物提供了优良的栖息地，也给当地人民带来了生计与财富，塑造了盐城鲜明的地域文化，而海盐文化毫无疑问是盐城地区最古老、最深厚的文化底色。

盐城古代以盛产"淮盐"而享誉华夏，古称"淮夷地"。盐渎，是盐城的"乳名"；渎者，沟渠也。明代《盐城县志》称：古盐渎境内遍布盐场，"煮海利兴，穿渠通运"，以盐渎命名是非常相宜的。千百年来，盐城先民汲海水以煮盐，"烟火八百里，灶煎满天星"是当年煮海为盐的盛景。《史记》记载"东海有海盐之饶"，盐城历经了两千多年的历史沉淀，处处散发着浓郁的海盐文化。

依海生存，煮海熬波。从春秋战国时代开始，盐城就一直是我国海盐生产的中心地区之一；唐朝时期，盐城境内开沟引潮、建亭设场、晒灰淋卤，盐产量达百余万石；清朝时，全国有10个盐产区，以盐城为主的两淮盐产区最大，下辖黄海沿海30余盐场，素有"两淮盐，天下咸"的说法；今天的盐城仍然是全省、全国重要的盐产地，每年产量大约在80万吨左右，绝不低于封建社会时期的年产量。两千年来，从事海盐的生产、运销也一直是世代盐城人生活的主要内容，海盐的烙印在这座城市俯拾皆是。比如，盐城沿海的乡镇地名大多为盐卤"浸泡"过，如灶、堰、冈、仓、团、盘、圩、滩、垛、荡等，它们正是与海盐的生产、仓储、运输管理等密切相关，成了海盐文化非物质遗产最为鲜活的符号；贯穿盐城南北的串场河，连接起富安、东台、白驹、刘庄等城镇，它们因盐而生，因盐而兴，繁盛了数百年；历史上生活在盐城的盐商热衷捐资兴学，修建书院，促进了盐城地方文教事业，也推动着海滨市井文化的发展。

（执笔人：赵晖、张静涵、安树青）

因湿兴城鉴历史——城市之兴

多彩鱼尾洲（陈佳秋/摄）

　　逐水而居是人类进化过程中一直保留的习惯。在工业革命以前，人类历经了原始时代、石器时代、青铜时代和铁器时代，始终与自然和谐相处。工业革命带来了人类的跨越式发展，湿地见证了城市的繁华。

　　从古文明的发源，到古城址的选定，再到古城的历史演变，无不与湿地紧密相连。每一座千年古城，都是自然的杰作，饱含湿地的韵味，完美阐述了历史长河中拥有无穷魅力的湿地古城因湿而生、因湿而兴、因湿而荣的历史轨迹。如今再看这些古城，那一幅幅展现在眼前的生态画卷，沉淀了千年的荣光，焕发着新的生机与活力，让人们不禁感叹湿地的强大，感叹自然的神奇，感叹生命的奇妙。

漂浮在湿地上的家
——湿地之城

云梦之泽，湿地花城
——武汉

古云梦泽，今湿地城

先秦古籍《山海经》的"海"，指古云梦大泽；而在长江与汉水的历史演奏中，泥沙伴舞，原始连绵不断的湖泊和沼泽不断演变，云梦泽演变为平原—湖沼的地貌景观。如今，这片丰饶的水土，因其极佳的生态地域和丰沛的湿地资源，形成了丰富多样的湿地类型，尤其是具有代表性的湖泊湿地和河流湿地，成为全球淡水生态系统优先保护区域——长江中游生态区的重要组成部分。

江、湖地质环境是造就武汉城市的生态基础，武汉和湿地，早在数千年前就牵绊在了一起，自建城伊始，便沁入了武汉的每一缕脉络，成为这座城市的灵魂。武汉的山水环绕之姿，得益于其自然山体湖泊之美，形成的"龟蛇锁大江"的壮观地域形态更是闻名遐迩，自然、湿地、景观、人居构成的独特城市风貌空间骨架，是武汉独特的空间形态和文化传承。

江河变迁，城市演变

3500 年前，标志着武汉起源与形成的商代"盘龙城"，是武汉早期人类的聚集点，是楚文化的中心，亦是中华文明的发源地之一，就位于如今黄陂区的江水之滨。这被论证为"华夏文化南方之源，九省通衢武汉之根"的盘龙城，对于武汉城市的孕育与发展产生了重大的影响。

汉末，武昌、汉阳兴起，两城隔江相峙，各自独立发展，形成了双城格局。武昌城经历了夏口城①、鄂州城、武昌城三个阶段，总体趋势是在延续自然湿地风貌的基础上，规模不断增大。《水经注》②中描述夏口城"依山傍江，开势明远，凭墉藉阻，高观枕流，对岸则入沔津，故城以夏口为名"，即是对顺应山水之势营造城池的最佳佐证。汉阳城的变化则与水的关系更为密切，其东南为大江，北为鲁山，鲁山以北是汉水，古城则在其西北方的山水之间，汉阳城的山系水脉特色彰显，独树一帜，在汉阳城郊环绕城池形成一圈生态景观。长江水流携带大量泥沙，在时代更迭中聚沙成洲，而长江岸线的变迁带来了沙洲的消长，使得武昌、汉阳两座城市繁盛相互更替，同时也使得城市形态不断地发生变化。

明成化年间，汉水改道，从汉阳城之南汇入长江改为从鲁山背面入江，汉口因其得天独厚的江水环境，引得商船汇集，帆樯林立，并于清朝走向繁荣，形成今日之汉口，与武昌、汉阳两镇并立，"三镇格局"城市格局正式形成。

资源丰富，百湖之城

湿地孕育了武汉，助力了武汉的发展，世界第三大河

---

① 《武汉地名志》中描述夏口城是武汉建城最早的有明确文字纪年的城池。
② 《水经注》是古代中国地理名著，共四十卷。作者是北魏晚期的郦道元。

长江及其最大支流汉水横贯市境中央，水域面积占全市四分之一。延续云梦大泽的肌理，依托长江得天独厚的优势，武汉以其165条河流、166处湖泊，坐拥国际重要湿地1处、国家湿地公园6处、省级湿地公园4处，市级以上湿地自然保护区5处。江河纵横、湖港交织的独特景观，奠定了武汉湿地资源"全球内陆城市前三位"的龙头地位。

武汉湿地资源丰富，是典型的百湖之城，梁子湖、洪湖、沙湖、东湖、严西湖、南湖、汤逊湖、涨渡湖、沉湖、斧头湖、武湖等大型湖泊斑块已成为武汉湿地的典型代表。星罗棋布的湖泊和小水面，犹如一颗颗镶嵌在城市硬质基底里的耀眼明珠，成为城市湿地生态系统关键组成部分；极具特色的滨江滨湖水生态环境，犹如蜿蜒流动的蓝绿丝带，成为城市综合治理和改善生态环境的绚丽画笔。湿地群的环绕既是独一无二的自然禀赋，也是武汉在城市建设中提前谋划、为生态布局的成果。

回望武汉历史，其城市演变与发展，极具湿地导向，从初期沿河流两岸的发展，到城市湿地周边扩散，再到集中于城市湿地间填充式发展，城市不断与湿地发生着密切联系，充分体现了湿地对城市的吸引力，展现了无穷的自然魅力。李白的"黄鹤楼中吹玉笛，江城五月落梅花"、王维的"城下沧江水，江边黄鹤楼"都展现了湿地与城、湿地与文、湿地与人的紧密联系。武汉，正是湿地之城的典型代表。

（执笔人：陈佳秋、杨棠武、安树青）

冲积平原，文明起源

《登金陵凤凰台》①中"三山半落青天外，二水中分白鹭洲"，展现了一幅山环水绕，沙洲棋布的水城风貌。南京作为城市出现，与绵延的长江密不可分。古城南京既有群山环绕，又有河湖相拥。城内的秦淮河、金川河、莫愁湖、玄武湖，交织缠绕，点缀其中，与浩荡绵延的长江共同组成一曲山川河湖的自然演奏曲。秦淮河更是南京文化发展的母亲河，留下了"烟笼寒水月笼纱，夜泊秦淮近酒家"的绝美诗句。

汤山猿人头骨化石的出土，表明了早在35万年前，南京就是人类的聚居地。南京之所以能成为早期人类的聚居所选，与其自然地理条件密不可分。长江是南京古城历史地位的重要保证，长江河床冲积繁育，岸线不断演变，聚落沿岸而生。南京地貌侵蚀变化的主要原因是秦淮河与金川河，逐渐形成了玄武湖及冲积平原，南京古城区在地势平坦的小盆地中应运而生，不断演变。秦淮河中游湖熟

①《登金陵凤凰台》是唐代大诗人李白登金陵凤凰台时创作的一首怀古抒情诗。

镇附近的众多历史遗址，更是带来了南京第一缕文明曙光——"湖熟文化"。

山水环绕，六朝古都

天然山水地形使得南京多次成为中国历史上位于南方的古都，素有"江南佳丽地，金陵帝王州"①之称。从东吴、东晋到南朝宋齐梁陈，六朝都城建康②，以河网水系作为城市骨架，城市边界巧妙利用了自然山水作为屏障，在保持都城严谨格局的同时也适应了自然山水，在我国都城规划史上写下了独特的篇章。

东吴时期，孙权在长江边筑石头城，面江靠山，加强城防，充分体现"三山驻军，终鼎足割据之形势，五马渡江，开南朝偏安之局面"③；发挥水乡城市航运优势，开挖运渎以运粮，开挖潮沟成水道，充分发挥湿地自然优势。东晋时，南京古城分布基本上仍沿袭东吴时建业的格局，主要市均沿淮水布列，充分体现了南京古城以水定城的城市格局。南唐时期，都城金陵④几经扩建，逐渐向秦淮河两岸靠拢，成为南京烟火气息最为浓重的区域。

山川形胜，古今相传

自然山水地貌是南京城市布局的关键因素，是古今南京城市空间格局构成的重要特色之一。"虎踞龙蟠"之山，泱泱纵横河湖，山江隔城相望，共同构成南京古城赖以存

---

① 出自魏晋南北朝谢朓的《入朝曲》。
② 建康是南京六朝时期的名称，东吴时叫建业，东晋时改名为建康，南宋、南齐、南梁、南陈沿用。
③ 出自朱偰《金陵古迹图考》。
④ 金陵是南京的古称，公元前333年，楚威王熊商于石头城筑金陵邑，金陵之名源于此。

在发展的自然背景。

南京城河道水系与古都城结构位置关系密切，城垣之外必有城河，且与江、河、湖相联，市内水道纵横交错，既是运输通道，又是排涝沟渠，还是景观廊道。从古代的城市边界，到道路系统依据，再到商贸文化枢纽，河流在南京古城中扮演着至关重要的角色。时代更迭之中，河流湿地减少，水面淤塞成湖，留下了玄武湖、燕雀湖、莫愁湖等与城相拥。

如今，丰沛的江河资源和多样的水生态环境依旧是南京城的特色，河流湿地和湖泊湿地遍布全市，淡水湖泊集中的溧水、高淳，长江、秦淮河毗邻的江宁、栖霞，库塘点缀的高淳、六合，都彰显了湿地与城的紧密相连。南京已形成城市生态格局：长江、秦淮河、金川河环绕主城，奠定南京湿地水系大格局；青溪、潮沟、运渎、珍珠河、城壕等人工河道在城中纵横交织，填充南京湿地脉络；城内玄武湖、莫愁湖，城外石臼湖、固城湖，增添城市湿地氛围。

南京古城是中国乃至世界都城建设史上的杰作，正在示范引领和推动全域"山水相融、城水相依、林水相映、文水相传、人水相亲"的幸福河湖建设，让"山水城林"南京"水之清、水之秀、水之韵、水之宁"独特魅力更加彰显①。

（执笔人：陈佳秋、杨棠武、安树青）

漂浮在湿地上的家——湿地之城

---

①《南京市幸福河湖建设行动计划（2021—2023年）》新闻.https：//view.inews.qq.com/a/20220420A0575P00.

通海夷道，岭南明珠
——广州

山川河海，古老羊城

"海对羊城阔，山连象郡高"[1]。羊城广州，拥有独特的"山川河海"地理格局，在《羊城古钞》中，古人这样描述："五岭峙其北，大海环其东，众水汇于前，群峰拥于后。"这座古老的城市因其独特的自然地理环境，城市与湿地紧密相连，成为山水城市的典型代表。

位于珠江三角洲北部的广州，山川林立、河网交织，自然山水地貌构成了广州古城的城市空间基础。广州古城北有山，南有海，白云山脉之水在山海之间、在古城之中穿梭流淌，给广州古城带来无限生机，也留下了《羊城古钞》"三江赴之，南汇于海；群山固之，其镇曰白云，其主曰越秀，其胜曰西樵，其秀曰灵洲"的气势之作。

水系既是广州古城的建成之基，文化之脉，也是商贸之始。《新唐书·地理志》[2]记载的当时世界上最长的远洋

---

① 出自唐诗人高适的《送柴司户充刘卿判官之岭外》。
②《新唐书》是二十四史之一，北宋欧阳修（1007—1072年），宋祁（998—1061年）同撰成书于嘉祐五年（1060年）。此书为补正刘昫所著《旧唐书》而作，是专载唐代史迹的另一部纪传体史书。

航线"广州通海夷道"①起点即在广州，担负着国内外货物交换运输的桥梁作用，也为其起点广州留下了"东方港市"的美誉。在海运盛行的年代，中华文明也随驰骋海湾的一艘艘船启程世界。

江海相拥，壕渠环绕

在上千年的历史发展中，广州以其独特的自然环境为根基，不断发展。山川脉派是广州之根基，不溯其源，城市的营建则无从谈起。

无论是白云山中的自然流水，还是环绕全城的甘溪②，都是广州古城的生命源泉。海岸线的变化也是广州古城发展的重要因素，城市岸线的多次南扩，与城市布局和发展有着密切的联系。时光如梭，在朝代更迭中，珠江奔流自然变化，成就了如今已向西南扩充了数千米的广州城，也承载了这座千年商都的历史记忆。

秦时，广州古城大部分处于浅海水域，北面靠山，其余三面环海，山海之间，自然之水顺势流淌，孕育了一代代的文化，坡山古渡口便是最好的证明。唐宋时期，城壕、河渠成为水系重要组成部分，城内外水系成为有机整体。宋朝时期，广州城内已有成熟的"六脉渠"体系，既是自然山水，也是交通航道。明朝城市规模扩充以后，将北山中之水，形成东、西两条护城河（甘溪之水沿古城东侧形成东濠涌；西北之水沿古城西侧形成西濠涌），顺水

---

① 广州通海夷道是指唐代，我国东南沿海一条通往东南亚、印度洋北部诸国、红海沿岸、东北非和波斯湾诸国的海上航路，是我国海上丝绸之路的最早叫法。

② 广州城的一条重要水道，甘溪有蒲涧水、行文溪、越溪等多个别名，历来不仅给予广州城航运、灌溉之利，也是城内饮用水的重要来源，以及南越国和南汉国宫苑的园林水源。

之势，流入江海，形成一圈完整的天然屏障。明清时期，广州城内的六脉渠、城壕，城外的自然山水，形成了"六脉皆通海，青山半入城"的城市山水格局。

一江两岸，水秀海碧

如今的广州城，湿地类型丰富，大小河网纵横，形成了河流、湖泊、沼泽、近海岸和库塘等类型的湿地。广州已划分北部山水涵养区、中部水廊修复区和南部河网保育区三个水系布局分区，并按分区提出规划水面率和水系建设指引[①]。北部山水涵养区依托层峦生态屏障，涵养青山绿水源头；中部水廊修复区领跑未来宜居城市，打造新兴水城典范；南部河网保育区立足蓝色生态基底，维育一方湿地氧吧。

在湿地景观、湿地文化建设方面，广州在珠江作为城市纽带的基础上，优化提升"一江两岸三带"滨水湿地风貌，营造特色河湖滨水休闲生态空间，形成河畔踏水的亲水休闲氛围。从传统的"云山（白云山）珠水（珠江）"的"小山小水"自然格局跃至如今"山城田海"特色的"大山大水"格局，广州已成为"山青林环、水秀海碧、田广人和"美丽广州。湿地，就是这美丽广州的自然宝藏。如今，广州已形成依山、沿江、滨海特色鲜明的城市风貌，湿地生态城市格局明显，湿地之城大放异彩。

（执笔人：陈佳秋、杨棠武、安树青）

[①] 12月19日，广州市政府常务会议通过《广州市河涌水系规划（2017—2035年）》。

一城山水，古往今来

泉城济南历史悠久，中外闻名。关于济南最早的文字记载，普遍认为是甲骨文①中出现的"泺"字，指泺水。《春秋》记载"桓公十八年，公会齐侯于泺"，即泺邑，泺邑位于泺水之滨，是历下城的前身；汉代济南因位于古四渎之一的济水之南而得名"济南郡"；自晋代起，济南郡由东平陵迁至历城，因受泺水、历山和历水陂的影响，城区扩展受限，向东发展，历城扩修为东城和老城，两城隔泺水，城外有城郭，城郭是重要的防御系统，双子城的格局逐渐形成。泉水于城西北地势低洼处积聚而形成湖泊，北魏地理学家郦道元在《水经注》中称其为"历水陂"。

唐代，济南被称为齐州，得益于太平盛世，城市规模迅速扩大，城市扩建使得泉水改道并在历水陂的基础上进一步聚集，成为齐州城内的一处胜景，金代文学家元好问在《济南行记》中将其称为"大明湖"。湖水的持续聚集改变了城区水环境的格局，周边也成为当时建设的重点区域，在一定程度上带来城市形态的变化，直至宋代，双子

① 安阳殷墟的甲骨文被认为是中国最早的文献。

城演变为母子城。

明清时期，在原府城的基础上高筑城墙、城开四门，引泉水建成护城河围护体系，城池以北及城厢西部近郭之周围是泉水溢出流泻入大清河①、小清河的必经之地。明末地方志《历乘》对于当时济南城池有这样的记载："郡城形如盆盎，雉堞巍峨，鲸波环绕，天险哉。"清代中期又于城外修筑土圩，后升级为石圩，至此，帝制时代"山、泉、湖、河、城"一体的济南古城市格局基本定格。

囿于生产力，济南城市的发展在魏晋南北朝以前，大体上处于对自然规律的认识和把握阶段。和中国大多数城市一样，济南在唐代之后，城市发展逐渐加速，由聚落一步一步发展，按照城内大明湖以及遍布的泉水溪流灵活布置街巷和建筑，极大地顺应了水文特征，也巧妙地解决了水循环的问题，这是一段顺应自然并改造自然的过程。

跨越历史长河，济南古城几经兴废，因其特殊的山水环境，尤其是丰富的泉水资源，城市格局始终以老城区为核心向四周辐射扩展，既取我国典型棋盘状布局的优势，又结合自身的地形地貌，古城形象在泉水浸润下日趋丰满。

生态泉湖，顾盼生姿

济南的资源与济南古城一样，皆因山水而生，因山水而发展，因而归根结底，山水是济南最厚重的资源，也是一路走来，济南城市发展最大的底气。由泰山余脉千佛山、燕子山、英雄山等山体组成延绵的带状屏障将城区大

---

① 济水于济南区域内自西向东流过，因济水上游河道在王莽时代干涸，下游河道以菏泽和汶水为主要源头，因其"水道清深"，隋唐以后改称其为"清水"或"大清河"，清咸丰年间，大清河河道被黄河夺占，大清河消失。

部分环抱，构成生态屏障，南北向的河流水系及洪水沟道成为天然生态廊道，连接南部山区和北部湖区，以大明湖为代表的北部湖池与南部山系遥相呼应，构成完整的城市生态系统。

山水环绕是济南的先天优势，山、泉、湖、河、城紧密交织的城市泉水聚落环境形成了济南闻名天下的"泉城"景观特色。济南之美在于泉，泉水为园林创作提供了素材和灵感，泉的灵动亦为园林景观增添了灵秀气质，辅以亭台楼阁的点缀，形成济南独特的园林风光。济南的泉水属于淡水泉，是沼泽湿地的一种。北宋词人李清照之名篇——《如梦令·常记溪亭日暮》所描写的就是当时古历城之北湿地中荷藕丛生、鸥鹭戏水的田园意象以及泛舟湖中的山水情趣。济南也因此形成了"四面荷花三面柳，一城山色半城湖"的"山水城市"格局。

咏泉念泉，相依相伴

济南始于临泉而居的聚落，泉水对早期聚落及后期城市的发展具有深刻影响，孕育出源远流长的泉水文化。关于泉的神话传说、民俗风情、历史典故等不胜枚举，也让济南在一众历史文化名城中特色鲜明，独树一帜。

泉水滋养了济南的城市，济南也在历史的长河中，与泉水建立了丰富的感情。细数济南的地名和路名，无不传递出泉城相依的文化，比如，位于趵突泉以南的城市道路被命名为泺源大街，取自芙蓉泉的芙蓉大街，源自曲水河的曲水亭街等。

时代发展，济南旧貌换新颜，曾经的老街已难觅踪迹，但那富有人情味和特色鲜明的泉城形象仍然留存在这

漂浮在湿地上的家——湿地之城

座古城的记忆深处，不曾走远。小清河、大汶河等主要河流穿城而过，大小河流和现存的泉群仍然较多，水量丰沛，泉在城中，城在泉上的状态没有改变，泉水湿地与城市在彼此适应的过程中形成了一个相依相伴的整体。

（执笔人：陈佳秋、陈美玲、安树青）

鱼米江南，水乡泽国

"鱼米之乡""人间天堂"苏州，地处长江下游、太湖之滨，自然禀赋优越，山水与城相依，是典型的江南水乡。苏州，这一有江有湖千年古城，湿地资源丰富、水乡特色明显、河港星罗棋布，太湖、阳澄湖等300多个湖泊镶嵌其中，长江、京杭运河等2万多条河流纵横交错，为各类生物提供了良好的生存环境和栖息空间。

苏州以城市路网和水网交织形成的双棋盘格局而闻名，水是古城的血脉，是其最灵动的元素，苏州古城范围内的河流，包括护城河、内城河，内城河包括"三横三直"的城内主要骨干河道及阊门支流水系、平江支流水系、南门支流水系等其他支流水系。

纵横水网，湿地古城

苏州古城伊始为春秋吴国的都城，伍子胥"象天法地"选定城址，开创了水陆双城门的设计，形成苏州古城水网初架构，成就了苏州古城的千古特色。楚时城门变化，胥江之水绕道入城，并增辟新的纵横河道排蓄水，形

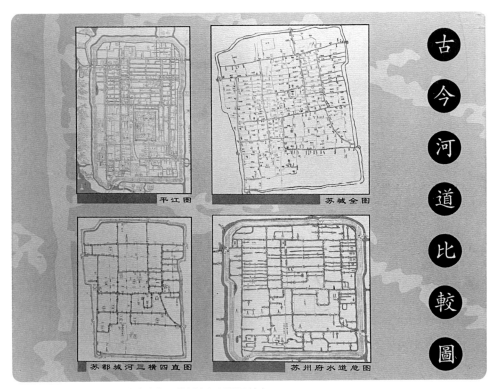

苏州古城古今河道对比图（俞志摄于苏州市规划展示馆）

成四纵五横①的布局。隋唐京杭大运河的开通，使得古城内的水系更为畅通，湿地水网结构更加完整，古城、运河、桥、街坊相间其中，也留下了"春城三百七十桥，夹岸朱楼隔柳条"②"君到姑苏见，人家尽枕河"③无数千古名句。宋代苏州水城更是拥有了5条直河、12条横河及综合交织的许多子河以致元初马可波罗盛赞苏州为"东方威尼斯"。历经千年的苏州古城，纵横交织的河流、大小不一的湖泊，共同组成了江南水乡的湿地明珠，构成古城有机的湿地整体。

---

① 《史记·春申君列传》正义注，当时"大内北渎，四纵五横"。
② 出自唐朝诗人刘禹锡的《乐天寄忆旧游，因作报白君以答》。
③ 出自唐朝诗人杜荀鹤的《送人游吴》。

临水而居，人城相依

苏州的湿地不仅造就了千年的古城，也造就了古城的生活与繁荣。依托丰富的河湖水系，苏州形成了前街后河的建筑布局，形成了临水而居、临水而作的生产生活方式，造就了游水、亲水、活水的水城氛围。在这里，可以感受小桥流水的闲适悠然；在这里，可以感受水乡习俗的温文儒雅；在这里，可以感受渡船摇曳的湿地清风；在这里，可以感受江南水乡的日常写照。

自然湿地的优良禀赋，为苏州传统产业的发展奠定了基础，历来就有"苏湖熟，天下足"的谚语。水运的便捷更是极大地带动了商贸手工业的发展，既推动了苏州古城的经济繁荣，也为苏州地域文化的传播提供了便利，"小桥流水人家"的意向在文人墨客笔下不胜枚举，苏州成为无数人心中的人间天堂。

一直以来，苏州牢固树立"绿水青山就是金山银山"理念，坚定不移地走以生态优先、绿色发展为导向的高质量发展道路，不断加强苏州湿地保护和城市发展共荣。如今的苏州人，也用自己的方式在探索与这座湿地古城的合作模式："天－空－地"三位一体湿地监管体系、完善的湿地保护体系、极高的湿地保护率、湿地科普苏州经验，都是对这一片湿地之城的热爱与守护。

（执笔人：陈佳秋、杨棠武、安树青）

漂浮在湿地上的家——湿地之城

辽河盛景，湿地之都

——盘锦

冲积平原，自然渔雁

中国七大河流之一的辽河，是辽宁的母亲河。濒临辽东湾的辽河三角洲，多水无山，形成了辽河盆地。大辽河、辽河、绕阳河、大凌河等河流蜿蜒流过，形成退海冲积平原。而居住在辽河两岸的先民们，世世代代用辛勤劳作滋润着这块神奇而富饶的平原。

当第一缕炊烟在这片神奇的土地上升起，盘锦便促进辽河厚重的河口文化萌生、滋长。泱泱辽水裹挟着生机，带着一往无前的气势，一头扎入那浩瀚的渤海之中；河水与海水两相角力，浪花翻飞间水乳交融；星星沃土分拨而出，在历史长河的涤荡下，渐渐形成了辽河三角洲这片广袤的河口平原。丰饶的湿地吸引着我们的先民如同鸥鹭归巢，不远千里逐居于此，留下了"守沟岔者为渔，守潮头者是雁"的流传至今的"古渔雁文化"。

黄金水道，湿地之城

江河万千，终归大海，行进至此的辽河在盘锦找到了自己的归宿。辽河，盘锦的母亲河，蜿蜒曲折，孕育滋养了这片土地。几千年来，人们依水而居，农耕劳作，成就了这片鱼米之乡的北国江南。

作为退海之地，盘锦曾一度被认为起源较晚，而其境内发现的7处新石器时代的文化遗址表明，早在5000年前，盘锦虽是沼泽低洼地区，但与周边的坨子地相依，为我们的先祖提供了宜居之地，使得这片退海之地与华夏大地一起，拥有了悠久的人类文明史。

清代至民国的三个世纪里，盘锦作为水路交通要道，带动了民间商业的兴起，并进化成沟通关内外经济大动脉的重要节点，因而闻名遐迩，被冠以"黄金水道"的美誉。水稻种植为主的农耕、河运为基础的商贸、滩涂采拾近海的渔雁等都是盘锦人充分依托自然、合理利用湿地的良好体现。

"有条大河远古流长，浩浩入海两岸稻香"[1]这是音乐家对家乡的歌颂，也是对中国最北海岸线上湿地明珠的由衷感慨。经过了数百年的发展历史，1984年，盘锦市建市。在新中国怀抱下诞生的盘锦市是一座受湿地馈赠而兴旺发达的生态之城，河流纵横、大地织锦，苇绿滩红、鹤舞鸥翔，丰饶的湿地为这座新建城市的形成奠定了物质基础，蕴藏在湿地之下的石油给盘锦增添了新的动力，河海交汇的优势区位为盘锦编织了四通八达的交通脉络，一座崭新的盘锦崛起于湿地之上。

大美盘锦，湿地之魂

一望无垠的120万亩芦苇荡，丹顶鹤及东亚-澳大利西亚鸟类迁徙路线上的重要停歇地、黑嘴鸥全球最大繁殖地、斑海豹中国唯一产仔地，汇聚在这片广袤的辽河口湿

---

[1] 出自歌曲《辽河口情歌》。

盘锦——湿地之城（盘锦市林业和湿地保护管理局/供，宗树兴/摄）

地，湿地的魅力不言而喻。

以滨海湿地为主的5类14型湿地，蜿蜒曲折的100多条河流，遍布城乡的沟渠河网，在这片"辽泽"之中，如同绿色的脉络相互交织，哺育了数以万计的湿地生灵：700多种各类野生动物，黑嘴鸥、斑海豹等9种国家一级保护野生动物，41种国家二级保护野生动物，是对盘锦湿地资源的最好诠释。

细雨之春、草长之夏、丰硕之秋、银装之冬，湿地之都的四季，用它独有的方式，细说着它的特色。不仅展示

着大自然给盘锦的绚丽着色，也给盘锦人带来了七彩的生活。稻浪沃野百里，河蟹嬉戏搭桥，延续了中国千年的农耕智慧；苇荡漫天遍地，候鸟秋去春来，构成了"湿地之都""生态盘锦"的显著标志。盘锦在历史演变中，与湿地共生共荣，湿地与城互为依托，不断繁荣发展。

（执笔人：陈佳秋、杨棠武、安树青）

漂浮在湿地上的家
——湿地之城

巴蜀要冲，水韵古城
——阆中

山围水绕，阆秀于水

南宋古籍《方舆胜览》①中提及的"蜀有三秀：眉秀于山，阆秀于水，普秀于石。"这里所说的水即嘉陵江，千里嘉陵江穿过千山万壑奔腾至此，用一道完美的 U 形大湾将它轻拥入怀，山的逶迤、水的温润、城的律动，赋予了阆中延续千年的地名，汇聚成"阆苑仙境"的绝佳意象。

阆中古城格局主要受巴山、剑门山等山脉和嘉陵江影响。"阆水迂曲，经郡三面，故曰阆中。"②嘉陵江流经阆中一段，古称"阆水"，给了这片土地流传千古的名字——阆中。阆中古城格局，离不开山水二字，巴山、剑门山形成了古城外围严密的山围之势；嘉陵江水环绕古城，形成了灵动的蓝色飘带。

阆苑仙境，湿地古城

阆中一路从远古走来，水的源泉与灵动，造就了这座"天下稀"的湿地古城。人祖伏羲在这里教化人类结网捕

---

①《方舆胜览》是南宋时祝穆编撰的地理类书籍，全书共七十卷。
② 出自《旧唐书·地理志》。

山水围绕阆中城（胡海东摄于阆中中国风水馆）

鱼，开启了璀璨辉煌的华夏文明；西汉落下闳研创《太初历》，在二十四节气中以"立春""雨水"开端，推动了人类农耕制度的发展；"华胥之国""灵山遗址""巴国遗韵"，无不书写着阆中人民沿江而上、聚水而居的历史长卷。水逼城迁、城随水变，千年古城的变迁发展就是一场水与城的博弈，最终古城与湿地达成了妥协，形成了如今"山、水、古城"相互交融、天人互益的山水格局，成就了阆中"千里嘉陵第一江山"的美誉。

古城与水、与湿地紧密相连，"石黛碧玉相因依"[①]的嘉陵江环绕古城，四周青山拥抱，一幅"三面江光抱城郭，四周山势锁烟霞"的水墨丹青，延续了2300多年建城史的古时巴国都城、清初四川首府的历史繁荣。山水环抱的天然地理优势，铸就了阆中古城水陆要冲、米粮要地的历史辉煌。嘉陵江面桅杆帆影，古城内外商贾云集，华光楼前人流如梭，无不诉说了阆中古城的繁荣兴旺。一代代的阆中人在得天独厚、物华天宝的阆苑仙境中，将湿地的馈赠不断予以升华，谱写着湿地与古城的盛世华章。

一江四河，碧玉相依

山无水则枯，城无水则涩，阆中古城的灵性之源莫过于水，阆中古城的灵动之源莫过于湿地。一江四河一百六十九条溪流滋润着阆中大地，形成的河网水系成就了阆中古城与水相拥的风水格局，哺育着阆中生灵。嘉陵江的古城码头，东河的燕尾船，西河的充国遗址，构溪河的水鸟乐园，白溪濠河张飞八丈蛇矛挑河通江的传奇神话，无不见证了阆中古城的兴盛发展。登高望远，千山万岭中星星点点连成的水网，成就了美丽乡村山水田园的稻田小微湿地，成为千百年来阆中原住民的生命依托，也是乡村生命景观得以维系的自然机理，水田的静谧以其田垄蜿蜒的优美，显现出湿地对生命的滋养。

山水资源、生态湿地，是阆中生存和发展的基础和优势。多年来，阆中人立足山河、依托湿地，坚持大保护、不搞大开发，促进人与自然和谐相处，一座风景秀美、宜

---

① 出自杜甫《阆水歌》。

居宜游的湿地城市正从历史画卷中徐徐走来。

今天，山水环抱、文化厚重的阆中，传承了华夏5000年"山水聚落·天人互益"的融合思想，谱写着"绿水青山就是金山银山"的时代新篇，正构建新时代"山水林田湖城"生命共同体，在打造中国西南国际湿地城市典范的征程上阔步前行、追梦奔跑！

（执笔人：陈佳秋、赵晖、安树青）

漂浮在湿地上的家

——湿地之城

七溪通海，江南福地
——常熟

古县海虞，心醉琴川

"吴下琴川古有名，放舟落日偶经行，七溪流水皆通海，十里青山半入城"，这是明代诗人沈玄笔下，有1700多年建城史的江南水乡城市——常熟。常熟襟江带湖、山川相间，常熟古城形成了"水多归海近，城半在山高"的独特空间格局。

这是一脉如水流淌的悠悠岁月，滚滚长江一路东流，在亿万年和大海的厮打与交融中，冲积成了这片新生陆地——长江三角洲；常熟县境原址背山（福山）面海（沧海），故名海虞；因城内七港或城外五浦，如若琴弦，便有了好听的名字——琴川；农耕经济的快速发展，年年丰收，岁岁常熟，又成了一座以丰沃土壤而命名的城市——常熟，成为了万里山河中令人心醉的江南。

夹城作河，枕山入城

唐代，因排洪及交通往来需要，开挖了长1600米的古运河贯通县城南北，也就是今天所称的"琴川河"。运河北通福山镇，南连横泾塘、白茆塘，西南连接元和塘

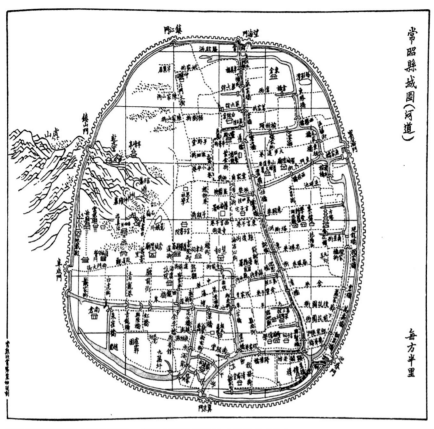

常熟县境河道图（图片来源：常熟水利局提供的《常熟水志》）

（后疏浚），成为常熟通外的主要水上交通；同时，串联诸溪小河，极大地促进了当时的积极发展。宋代，福山塘、许浦、常熟塘与串联起这三条河道的运河，沟通长江与苏州，成为常熟城内水系的主干，促进了湿地与城市的发展。

明代，常熟山水古城格局发展成熟，留下了很多脍炙人口的诗句，都是对常熟山、水、城的空间格局的总结：姚广孝的"水多归海近，城半在山高"；吴讷的"虞城枕山麓，七水流如弦"；韩奕的"绿水环城入，青山到县分"。独特的山水格局即是城市的基础，又是城市文化发展的源泉。那街头巷尾的古井、那散落山间的古涧，也

105

为常熟古城增添了几分韵味。言子墨井、庆历井、兴福寺井等为居民提供常用水的井，桃源涧、降龙古涧、舜过泉等丰富的泉涧资源，与常熟的河湖互补，旱则资溉，涝则滋泄，为古常熟的生产、生活提供保障，使得该地沃野千里，百姓富足。

生态恢复，人地和谐

数千年来，在人与水的交融中涵养出丰饶富足的江南，这片太湖水系，以城区为中心向四周乡镇辐射状分布，东南较密，西北较疏，河道较小，水流平稳。主要河流有望虞河、常浒河、张家港、元和塘、白茆塘、锡北运河、盐铁塘、七浦塘、北福山塘、南福山塘、耿泾等，湖泊有昆承湖、尚湖、南湖荡等。正如常熟摄影家陈福宝先生拍摄的作品《湖甸春早》，从虞山远眺常熟城区，湖光山色，千顷良田，城镇依水而筑，河流纵横交错。

自1985年起，常熟市先后恢复了尚湖、沙家浜、昆承湖、南湖等大片湿地；创新发展了生态、生产、生活"三生融合"的特色乡村湿地，形成了"国家湿地公园－省级湿地公园－湿地保护小区－市级重要湿地－湿地乡村"五级湿地保护体系。目前常熟湿地面积超3万公顷，湿地率超24%，有湿地公园、湿地保护小区、水源保护区及森林公园四种湿地保护形式，湿地保护率约62%。

长江东流入海，积淀一脉密布河湖的琴川；百姓农耕劳作，哺育一片丰收年年的沃土——这山河万里中令人心醉的江南，这不曾忘怀的常熟。

（执笔人：陈佳秋、杨棠武、安树青）

山水相绕，湿地之缘

这一赣鄱流域下游的英雄之城，赣江穿城而过，西山与城相望，留下了"南昌城面西山，环以章江，山水为一郡最"的千古佳话。自2000多年前建城起，南昌便与湿地结下了不解之缘，无论是生活空间还是城市防御，或是城市风貌，都与湿地有着紧密联系，形成了依湿而生的城市格局。从建城伊始的"因水而生"，到唐宋时期的"襟江带湖"，到明清时期的"三湖九津"，再到现代的"一江两岸"，湿地与城市不断演变，造就了今天的水城南昌。

襟江带湖，城随水迁

鄱阳湖和赣江流域的优越的自然地理条件，为当地人类活动的起源提供了良好的基础。商周时代在艾溪湖周边出现了高密度的人类聚居点，秦代赣水航道的开通更是加强了南昌与广州等地的联系。西汉时期，灌婴在艾溪湖西南建城，取"昌大南疆"之名——南昌。南朝宋时，为防内涝设置水门，城湖关系更为紧密。唐朝初年，濒临赣江、抚河地带重建的洪州城，成为南昌城市的基础格局。

107

登高紧邻赣江与抚河交汇处的滕王阁，更是留下了"襟三江而带五湖，控蛮荆而引瓯越"和"落霞与孤鹜齐飞，秋水共长天一色"的千古佳作。

伴随着京杭大运河的开通，南昌交通进一步发展，成为南北城市之间的重要交通枢纽。到北宋时，洪州[①]至扬州的航道已经成为运输量最大的一段，城市的生产、生活都与湿地紧密相连，故有"地方千里，水路四通。风土爽垲，山川特秀。奇异珍货，此焉自出。人食鱼稻，多尚黄老清净之道"[②]之称。明清充分利用自然地理环境并加以完善，城墙内"三湖"，即东湖、北湖和西湖，是当时的核心生活空间，并在三湖之上建桥梁，在湖边种垂柳，建设与湖水相映的塔、阁等建筑，形成独具特色的城市空间。同时，为了缓解内涝，从唐至明清，南昌逐渐形成了东、西、北三个湖泊和城内外九条水沟协调布局的"三湖九津"，充分展示了南昌在重视水源利用和城市防守的基础上形成独特的城市布局结构。

一江两岸，蓬勃新生

近代，随着"长江—珠江"对外贸易通道的开通，跨江的建设使城市的发展中心在赣江两岸，一江两岸的城市骨架逐渐形成，南昌湿地格局也从面状水域为主改为带状水体廊道为主，形成"江湖交织，点面结合"的湿地生态空间结构，强化城市与湿地的连通性。

江湖关系变迁铸就了南昌城市的发展，今日的南昌传承着远古南昌的自然禀赋与文明血脉，书写着千年古城的沧桑演变。如今的南昌城在湖中、湖在城中，拥有2个国际重要湿地、4个省级重要湿地、5个省级湿地公园、1个县级湿地自然保护区，与赣江、青山湖、象湖、艾溪湖、九龙湖等湿地水网一起，共同创造属于这座湿地古城的现代光芒。

过去、现在和未来在赣江两岸相望，正如苍茫岁月的时空电影，播放着南昌古城不同时期的历史韵味，领它迈向更璀璨与瑰丽的未来。

（执笔人：陈佳秋、杨棠武、安树青）

---

① 洪都，古代地名，古时江西南昌。
② 出自《豫章记》，最早的江西地方志之一。

匡山蠡水，梦里九江

——九江

漂浮在湿地上的家

——湿地之城

九水汇聚，江山记忆

"九江"之名，源于"刘歆以为湖汉九水入彭蠡泽也"[1]。九水即赣水、鄱水、余水、修水、淦水、盱水、蜀水、南水、彭水，也印证了九江因水而兴，由水而名的千古历史。九江的一山一江见证并承载了千年记忆。山，是庐山，"横看成岭侧成峰，远近高低各不同"；江，是长江，滔滔奔涌，一望无边。九江把最美长江岸线与鄱阳湖揽入怀中。在2200多年的历史发展中，让古今明士为它留下"九江秀色可揽结，吾将此地巢云松"[2]等上万首诗篇。

以水定城，以水名城

众水汇集之地九江，从城址选定到城市发展，都与湿地密不可分。秦统天下后分三十六郡，这片淤水流经的富饶之地被定名为九江郡；汉灌婴在湓浦口驻守后，又将这一水系变为了城外天然的护城河；隋文帝于江州置浔阳县，后又改江州为九江郡；唐武德四年复浔阳；乾元初复

---

① 出自《晋太康地记》。
② 出自唐代李白的《登庐山五老峰》。

109

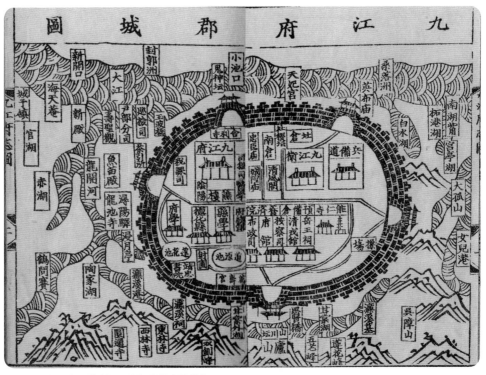

九江府郡城图（图片来源：九江市档案馆藏）

江州。这一个个的九江古称，都诉说着九江与湿地的紧密
联系。

当初的浔阳古城，南、北、西三面环水，坐拥优良的
港口水路优势，享有"三大茶市""四大米市"之誉，繁
华程度一时无两。这一片交织的水网地带，湿地湖滩与江
河相连，烟波浩渺，沙洲苍茫。随着时代的更迭，筑堤以
防洪，逐步形成南门湖、甘棠湖、赛城湖、八里湖等内湖
水系，共同组成九江的城市湿地风貌。

潮起浪涌，百里繁华

九江，在历史长河里潮起浪涌，也在新时代里日新月
异。从唐代白居易的《琵琶行》到现在的港口城市发展命

脉，长江不仅因地制宜缔造了九江的繁华，更熔铸了这个城市的个性与灵魂。多条入江河流，汇聚于此；152千米黄金水道，伴城东进；1600多座岛屿，点缀湖面。这滚滚长江，澎湃血脉；这辽阔鄱阳，醉美心灵；这万千水鸟，歌颂生命。

漫步九江全市城乡大地，层峦叠翠，碧波荡漾；徜徉浔阳城市街亭，绿带滨江依湖，湿地点缀城中。如今，九江已构建"两带、三湖、四区、五网"的总体布局，形成"城在水边、在窗前，水在城中，山水相衬"的新格局，九江历史文化城市环境更富于个性特色和地方特色。而世世代代的九江人，承袭着江的情感与渊源，在湿地保护与城市发展的道路上，一路远行。

（执笔人：陈佳秋、杨棠武、安树青）

漂浮在湿地上的家
——湿地之城

淮安湿地与城（沈辰/摄）

　　纵观城镇发展的历史进程，自然环境是不可忽视的重要组成部分，其中湿地更是关系人类与城镇未来的关键因子。随着城市绿色发展成为广泛共识，湿地城市建设日渐兴起，《湿地公约》框架下的国际湿地城市也备受关注与认可。同时，基于不同历史背景、不同国家或部门及不同定位，生态城市、森林城市、田园城市、山水城市等各类名词屡见不鲜。这些概念各具特色，与湿地城市有着千丝万缕的联系，共同迈向城市与自然山水、城市与乡村聚落协调发展的远方。

城湿相融照现实
——湿地城市

楼宇秘境
城市湿地

湿地

——城镇可持续发展的未来

    湿地是人类的重要生存环境，是城镇立地的核心资源。纵观"择水而居、依水而兴"的发展史，丰富的资源物产和便利的交通条件将湿地和人类的命运紧紧相连。许多城市起源于水滨之地；反之，水滨的污染和枯竭也引发了一些国家和城市的衰亡。

    城市化是当今时代的主要大趋势之一，深刻地改变着人类的生活图景。城市仅占地球表面的2%，但使用了世界上75%的自然资源，并产生了全球70%的废物。为了寻求更好的工作机会和生活质量，全球人口越来越多地从农村地区迁移到城市，城市化进程不断加速。目前，已有约一半世界人口居住在城镇地区，这是人类历史的惊人发展。据估计，到2030年，世界上人口超过1000万的特大城市数量将从31个跃升至41个，而这些城市大部分将在亚洲各地。城镇人口约以2.4%的速率逐年增加，这意味着到2050年，63亿人将生活在城镇，占世界人口的2/3左右。城市扩张和城镇人口增长对基本资源及服务保障、城市的弹性和环境友好性等宜居宜业指标提出了更高的要求，也让湿地保护和合理利用成为关系城市发展和人类福祉的重要环节。

无论是价值突出的国际重要湿地，还是公园中的小小池塘，健康的湿地作为城镇可持续发展的天然基础设施，提供了多种生态、经济、社会和文化效益，在人类生活中扮演着重要角色。与乡村或荒野湿地相比，城市湿地物质生产功能弱化，非物质生产功能相对增强；由于城市人口聚集、经济发达，城市湿地在环境调节和自然灾害防控方面的意义更为突出，在提供休闲娱乐和环境教育方面也更具优势。美好生活已不仅是住进高楼林立的繁华都市，更需要一抹绿色来装点。在干净的水流旁、清新的空气中，人们接触了解到更多样的动植物，近距离感受树上有鸟、林下有草、草间有虫的自然之美，得以静心。研究表明，与自然的互动，尤其是在水边，可以减轻都市人群的压力并提高健康水平。

城市湿地应是宝地，而非荒地。在城市化大趋势的浪潮下，城市湿地受到巨大的冲击，艰难留存，重新焕发生机。在20世纪70年代，美国、澳大利亚、英国等国家开始将城市发展与城市湿地环境相结合，并在城市的规划中综合考虑城市湿地的设计与保护。而中国约从2000年才开始着眼关注城市湿地，着力应对湖泊和河流污染、天然湿地大片消失、湿地严重退化等问题。在现代城市吸取深刻的经验教训，不再单纯追求经济利益，转向可持续型城市发展道路之时，思考如何正确处理湿地与城市的关系成为当务之急。

伴随着城市湿地日渐成为热点，国内外越来越多的城市开始重视平衡城市发展与湿地保护，建设起湿地城市，在城市发展过程中，把维护和提升湿地生态功能放在突出位置，打造"湿地在城中，城在湿地中"的风貌，融合人、城、湿地和谐共生发展。而在《湿地公约》的框架下，国际湿地城市在近年全新登场。它们通过其居民、地方政府及其资源，持续地提高其内部或附近的国际重要湿地和其他湿地的保护与合理利用水平，维护其物理与社会环境及其传统，支持可持续的、有活力的、创新的经济发展，并且开展与湿地有关的教育活动，成为一种标杆、一项荣誉，持续推动着城市区域生态系统的可持续发展。

（执笔人：姚雅沁、张轩波、安树青）

随着城市化发展步伐加快，湿地环境面临的威胁不断增加，湿地与城市的关系逐渐成为国际前沿和热点问题，频频出现在各大国际湿地会议以及相关政府和非政府启动的重要湿地研究计划中。而"国际湿地城市"就是《湿地公约》框架下的一项自愿性湿地保护机制，鼓励毗邻或依附湿地的城市重视并加强与宝贵的湿地生态系统建立积极的联系，以先锋城市的优秀案例激励可持续城市化的推广。

《湿地公约》自1971年缔结以来，始终致力于促进全球的湿地保护事业。国际湿地城市按照《湿地公约》决议规定的程序和要求，由缔约方政府提名，将申请材料报送至湿地公约秘书处，经独立咨询委员会审核，由《湿地公约》常务委员会及缔约方大会全体成员批准，颁发"国际湿地城市"认证证书。它代表了一个城市的生态成就，是目前国际上在城市湿地生态保护方面规格高、分量重的一项荣誉。通过认证引起各国政府对湿地保护和合理利用的重视，提高公众对湿地的认知、参与市政规划和决策，保持社会经济文化发展与湿地生态系统服务功能间的密切关

117

系。凭借国际认可和良好口碑，提升城市整体形象，同时争取国内湿地保护的政策支持，推动地方政府整合湿地保护相关部门的职能、创新湿地保护管理体制，并在人们日益关注生态环境质量的背景下促进区域绿色发展。

回顾"国际湿地城市"机制的发展历程，其萌芽可以追溯到2008年。那年的《湿地公约》第十届缔约方大会开始关注"湿地和城市化"问题，并以此为主题专门提出了一项决议。

2012年第十一届缔约方大会探讨了"国际湿地城市"拟定认证计划，制定了更为具体的第11号决议"关于城市及周边湿地规划与管理原则"，提出了城市湿地与城郊湿地规划与管理的5项政策原则和5项操作原则。其中第28条正式提出要求《湿地公约》探索建立国际湿地城市认证体系，为与湿地紧密联系的城市提供积极的品牌宣传机会。

2015年第十二届缔约方大会正式推出了湿地城市认证体系，通过第10号决议"《湿地公约》的国际湿地城市认证"，承认"城市地区关于湿地保护教育和公共意识的巨大潜力"，明确了湿地城市认证的自愿性质、基本框架、认证标准、认证程序、独立咨询委员会的设立和组成等关键内容，规定了"湿地城市"认证的相关标准，以"帮助各城市、缔约方和利益相关者提升认知、获得湿地合理利用与保护以及其他可持续发展倡议的支持"。六条认证标准如下。

（1）该城市有一个或多个国际重要湿地或其他重要湿地完全或部分位于其范围内或附近，并为城市提供了一系列的生态系统服务；

（2）城市对湿地及其生物多样性、水文完整性等服务采取了保护措施；

（3）城市实施了湿地恢复和管理措施；

（4）城市考虑了湿地在空间规划和城市综合管理要素中的重要性；

（5）城市定期传播湿地信息、采取措施提高人们对于湿地价值的公众意识，鼓励利益相关者合理利用湿地，如建立湿地宣教信息中心；

（6）城市建立了具备湿地理论知识和实践经验，并代表和参与利益相关方的《湿地公约》国际湿地城市委员会，以支持《湿地公约》对国际湿地城市的认证，并落实适当措施，履行认证义务。

2016年6月，《湿地公约》第52次常务委员会会议授权独立咨询委员会负责审查国际湿地城市认证的申请，并通过了独立咨询委员会成员名单，包含《湿地公约》缔约方、国际组织、《湿地公约》秘书处和《湿地公约》区域计划的代表。2016年11月，独立咨询委员会举行了第一次会议。2017年6月，《湿地公约》第53次常务委员会会议为正式开展国际湿地城市认证做了最后的准备。

2017年6月，秘书处正式发布《湿地公约2017年3号外交照会》，提请各缔约方确认首届国际湿地城市认证候选城市，全球湿地城市认证工作正式启动。

2017年7月，为规范和推动我国国际湿地城市认证提名工作，国家林业局发布《国际湿地城市认证提名暂行办法》，明确了相关组织单位、提名条件、提交程序、提交材料等，每3年组织开展一次认证提名。2017年8月，中华人民共和国《湿地公约》履约办公室（以下简称履约办公室）发布了《国际湿地城市认证提名指标》，从湿地资源本底、保护管理条件、科普宣教与志愿者制度、所依托重要湿地管理4个方面列出了15项具体指标，正式启动中国国际湿地城市认证工作。拟推荐的城市既要有丰富的湿地资源，又要有严格的综合保护措施，并取得良好成效。随后，履约办公室于2020年修订了《国际湿地城市认证提名暂行办法》，印发了《国际湿地城市认证提名办法》，以进一步积极推动和规范国际湿地城市认证提名。具体条件如下。

（1）区域内应当至少有一处国家重要湿地（含国际重要湿地）。

（2）区域湿地资源禀赋较好，满足滨海城市湿地率≥10%，或者内陆平原城市湿地率≥7%，或者内陆山区城市湿地率≥4%，且湿地面积3年内不减少，湿地保护率不低于50%。

（3）已经把湿地保护修复纳入当地国民经济和社会发展规划，在国土空间规划中有专门针对湿地保护修复的内容；编制了湿地保护专项规划，安排了资金支持湿地保护修复。

（4）当地人民政府已经成立相关的国际湿地城市创建工作机制。已经成立湿地保护管理的专门机构，配置专职的管理和专业技术人员，开展湿地保护管理工作。

（5）所在的地级及以上城市已经颁布湿地保护法规或者规章，并且将湿地面积、湿地保护率、湿地生态状况等保护成效指标纳入高质量发展综合绩效评价等制度体系。

（6）已经建立专门的湿地宣教场所，面向公众开展湿地科普宣传教育和培训。建立了湿地保护志愿者制度，组织公众积极参与湿地保护和相关知识传播活动。

2018年10月，《湿地公约》第十三届缔约方大会期间，全球170个缔约国以及湿地保护国际组织集聚一堂。全球首批国际湿地城市的神秘面纱在迪拜被揭开：中国常德、常熟、东营、哈尔滨、海口、银川及法国亚眠、韩国昌宁等18个城市获得了荣誉称号。2022年，第二批国际湿地城市新鲜出炉，我国合肥、济宁、梁平、南昌、盘锦、武汉、盐城7个城市榜上有名。截至目前，全球共有国际湿地城市43个，中国有13个，位居第一。由此可见，中国在推动湿地保护，探索人与湿地协调发展的过程中迈出了坚实的步伐。

（执笔人：姚雅沁、张轩波、安树青）

经济的快速发展下，身处繁忙尘世的人们对青山绿水的渴求日益强烈。推窗见绿，出门即景，成为美好的想象与慰藉。然而土地资源有限，水资源也有限，建设大面积的湿地，特别是在城镇地区，越来越不现实。小微湿地利用现有的池塘、沟渠、集水坑等来建设，成为城市化大背景下，实现人与自然和解的绝佳方案。社区周围秘境之地的一泓清水、星星点点的野趣绿意将人们引入别样的自然空间，使人们心旷神怡。

什么是小微湿地？展牌上可能会这么写："小微湿地是依据昆虫、鱼类、两栖和爬行类以及鸟类等湿地动植物生存所需的栖息地条件，构建结构完整并具有一定自我维持能力的小型湿地生态系统。"不同于各个大名鼎鼎的湿地景区，小微湿地是"麻雀虽小，五脏俱全"的存在。它搭建起丰富的生态链，囊括植物、昆虫、鱼类、两栖类、爬行类、鸟类、哺乳类，成为生物迁徙旅途上的踏脚石与庇护所，也营造出良好的人居生态环境，实现各种生物和谐共生。

在城市环境下，基于海绵城市的理念，小微湿地的建

121

设主要通过整理地形、驳岸，改造基底生态化，铺设沙石层，营造接近自然的水系，在水底种植沉水植物，形成"食藻虫-水下森林"共生生态。这样既可产生更多氧气，净化水质，又可为鱼类、涉禽类提供丰富的栖息环境。在雨季，小微湿地还能承担起调蓄雨水、补充城市地下水的功能。同时，作为自然景观，小微湿地能让市民在闲暇之余有更多的去处，成为贯彻绿色发展的生动诠释。

北京亚运村北辰中心花园就是绝佳案例之一。地处高楼林立的北四环奥运功能区，社区小微湿地的建设成功为周边居民打造出一片弥足珍贵的共享绿色空间。项目启动自2018年，坚持"生态为主、兼顾景观，小湿地、大生态"的设计原则，通过近一年的地形地貌恢复、湿地植被恢复、生态护岸等生态手段，从原本景观欠佳、黄土裸露的旱溪，摇身一变成为郁郁葱葱、溪水潺潺、莲花朵朵、鱼鸭嬉戏、鸟鸣蝶舞的小微湿地。仅4100平方米的面积，营造出了乔木林、灌丛、浅滩、生境岛、深水区等多样化生境，种植的蜜源类、浆果类、坚果类植物高达20余种，如元宝槭、旱柳、白皮松、海棠、山桃、山楂、金银忍冬等，可在不同季节为昆虫和小动物们提供食物来源，生物多样性也得到显著提高，野鸭自发前往筑巢安家。在蛙声阵阵的背景音乐中，人们不自觉地停下匆忙的脚步，静静围观清水绿岸、鱼翔浅底的画面。后来，甚至还出现了刺猬、黄鼬等，让人欣喜不已。许多居民来此运动休闲，日渐养成亲近湿地、亲近自然的习惯，听到蛙声、看到蝌蚪不再是农村的专属福利，城市中的人同样可以与自然建立亲密的联结，享受身心舒畅的体验，其乐融融。北辰中心花园这个城市中的静谧角落，实现了景观之美、休闲需要

晨雾时分的常熟泥仓溇（周建华/摄）

和生态功能的融合。

在如今乡村振兴战略、建设美丽宜居乡村战略的背景下，湿地与全域旅游、乡村振兴、农村人居环境综合整治、脱贫攻坚等深度融合，开发出"湿地＋自然生态""湿地＋环境治理""湿地＋特色产业""湿地＋保护利用"等项目，充分利用稻田自然资源优势，发挥"沟、塘、渠、堰、井、泉、溪"等自然资源优势，建成乡村小微湿地群落，使小微湿地与村落完美融合，促进人居环境改善，推动农村生活方式转变，丰富景观资源，发展乡村旅游，重塑乡村景观生态格局。

常熟董浜镇泥仓溇小微湿地是以水质净化为主导功能的乡村小微湿地典型案例。水从村中过，人在画中游是它的生动写照。泥仓溇小微湿地位于常熟市董浜镇观智村，属于太湖水系阳澄水系片区，湿地内水系纵横、水网密布，是典型的平原水网圩区之一。泥仓溇乡村湿地中包含河流6条，长度为0.5~1.5千米，宽度为7~13米；池塘（包括养殖塘）12处，面积为0.14~6.4公顷；水田65块，面积为0.15~2.7公顷。泥仓溇通过生活污水湿地净化、农田尾水湿地净化、畜禽养殖湿地净化等措施净化了村庄水质，提升了市民的居住环境和幸福指数。与此同时，通过开展蛙稻共生、稻鱼共生、桑基鱼塘等有机农业，大大减少了系统对外部化学物质的依赖，增加了系统的生物多样性，实现稻、鱼、桑、蚕的丰收，达到区域内生活、生产、生态和生物和谐。

无论是在城市还是乡村，小微湿地以湿地空间为基础，河湖水系为纽带，俨然成为大尺度湿地生态系统的重要组成部分，与人类生产生活形成了密切的联系，为社区生态注入活力，绘制出生产、生活、生态"三生融合"的生动画卷。

（执笔人：姚雅沁、张轩波、安树青）

　　湿地是城市焕颜的点睛之笔，湿地景观以其突出的美感、动物和植物的密度和多样性以及丰富的文化多样性，成为拉动文化和体验式旅游发展的不竭动力。当下，全世界有约2.7亿人口以湿地相关的旅游业为生，占全球就业人口的9%。而创建湿地城市，不仅更有效加强生态修复和环境治理，同时也依托独特的生态资源形成生态休闲旅游品牌，让城市的生态价值得到最大体现。

　　旅游业的发展在全世界范围内逐步扩大，成为经济增长的最重要贡献之一。联合国世界旅游组织《2019年国际旅游报告》显示，旅游业在全球创造了价值1.7万亿美元的出口，对联合国可持续发展目标直接或间接地作出贡献，尤其体现在目标8、目标12和目标14中，分别涉及包容性和可持续经济增长、可持续消费和生产、海洋和海洋资源的可持续利用。可持续旅游成为一种既能满足经济和社会需求，又能保持文化完整性、基本生态过程、生物多样性和生命支持系统的旅游形式。

　　区别于传统"走马观花"式的旅行模式，以湿地作为观光、游览研究对象的新型生态旅游，无疑正凭借自然保

125

护、环境教育和社区经济效益等一系列功能，成为一种经济、社会、民生共赢的高级旅游形态，走在人、水、城共存共荣、协调发展的道路上。

国际湿地城市更是充分享受了湿地生态旅游金字招牌的福利。依托丰厚的湿地资源与人文环境，常熟现有沙家浜、尚湖等国家AAAAA级旅游景区，以湿地为主导的绿色生态游、休闲养生游等逐渐成为常熟旅游的特色。2020年，常熟旅游接待游客达2350万人次，旅游收入突破400亿元。发达的旅游业也给湿地周边居民带去了就业机会与稳定收入，仅沙家浜湿地及周边开展的住宿、餐饮、零售等商业活动便带动了沙家浜镇1.2万农民就业。

海口东寨港自然保护区拥有我国目前连片面积最大、树种最多、林分保育最好、生物多样性最丰富的红树林。随着海口荣获全球第一批国际湿地城市，到访红树林景区的游客络绎不绝，各地纷纷乘势将热门的湿地元素融入旅

沙家浜水街（周建华/摄）

游特色。如位于美兰区三江镇的"鹤舞九湖"片区旅游景点将湿地文化与农耕文化相融，每年吸引游客近5万人次；将湿地景观、生态农业、民俗文化、创意产业等多元素有机结合的冯塘绿园，为当地村民带来户均2万多元的年收入；依托红树林湿地开展民宿体验，美兰区演丰镇每年接待游客20余万人次；旅行社推出了"红树林深呼吸"、湿地健康骑行徒步游等系列旅游产品……

盘锦湿地生态系统独特又著名的"红海滩"景观，是重要的生态旅游资源，盘锦湿地因此成为湿地旅游者的热点目的地。通过湿地保护和科普宣传教育工作的开展，盘锦湿地对外知名度不断增加，现已成为众多旅游者、摄影爱好者、运动者的重要旅游目的地，每年有超过600万游客到访。

湿地的发展不只是强调保护，在坚持生态保护的基本原则下，应将其融入城市经济发展体系中。利用丰富的湿地资源来支撑绿色发展，探索合理的商业模式，成为当代潮流。于是，在风格各异的城市角落，生态观光型、科普教育型、城市休闲型、复合发展型等湿地旅游开发模式纷纷登场。应基于湿地的良好生态，通过完善的服务和游览设施向人们展示城市湿地风貌，为公众提供休闲游憩、科普教育的场所，开展休闲与游览、科研与科普活动，为地方的区域经济发展和社会发展注入活力。更为重要的是，要让游客在其中认识湿地、享受湿地，真真切切感受到良好生态环境带来的幸福感，不断提高湿地生态环保意识，使城市湿地保护和旅游发展之间的积极联系得到进一步强化。

（执笔人：姚雅沁、张轩波、安树青）

城湿相融照现实——湿地城市

127

湿地城市与
生态城市

城市是人类改造自然最彻底的一种人居环境，真切地反映着人类从生态自发、生态失落、生态觉醒一直到生态自觉的不同历史阶段改造自然的价值观和意志。在城市化进程加速的过程中，可持续发展理念不断融入生产劳动中。如今，追求人与自然和谐共存成为人类的价值共识。

20世纪70年代，联合国教科文组织在第16届会议上发起了"人与生物圈计划"，"生态城市"这一概念应运而生，以应对人口膨胀、资源紧张、交通拥挤、环境恶化等为主要特征的"城市病"。80年代之后，西方发达国家便纷纷开展生态城市规划与建设。

关于生态城市的确切定义，众说纷纭。苏联生态学家杨尼斯基认为，它作为一种理想城模式，强调社会和谐、经济高效、生态良性循环的人类居住形式，在这种形式里，技术和自然充分融合，人的创造力和生产力得到最大限度的发挥，而居民的身心健康和环境质量得到最大限度的保护，物质、能量、信息得到高效利用，生态实现良性循环。美国生态学家理查德·雷吉斯特给生态城市下了一个简洁的定义：一个生态城市就是用最小的自然资源能使居民有一个好的生活质量的人类聚居地。中国学者黄光宇认为，生态城市是根据生态学原理，综合研究城市生态系统中人与"住所"的关系，并应用科学与技术手段协调现代城市经济系统与生物的关系，保护与合理利用一切自然资源与能源，使人、自然、环境融为一体，互惠共生的城市。

不同于湿地城市聚焦于单一的湿地生态系统，生态城市具有最为宽泛的可持续发展内涵。生态城市的"生态"已不单指狭义的生物学概念，也不是简单地增加绿色空间，单纯追求优美的自然环境。它是城市发展的一个高级阶段，标志着城市物质文明与精神文明的高度发达，其本质特征就是自然、和谐与人本。从这个意义上说，生态城市是一个不断追随可持续发展的"动态目标"，或者说是一个协调、和谐的进化过程。我国不同部门发起的园林城市、森林城市、湿地城市、低碳城市、海绵城市等一系列生态城市相关的建设项目，可算作是生态城市的一个维度，这些名称都可以囊括在生态城市的概念下。

进入21世纪以来，随着全球能源短缺问题的逐步升级以及气候变化问题的日渐严重，生态城市成为世界各国降低能源消耗、转变旧有发展模式、谋求城市新兴竞争力的关键所在。然而，目前国内外对于生态城市的讨论主要集中在其内涵以及规划设计原则和方法上，并没有形成统一的考核及评价指标体系。中国生态城市建设尚处于探索阶段，尽管也确定了一些生态示范城市、生态园林城市与区域，但具体工作机制不尽相同。其中，中国社会科学院社会发展研究中心发布的《中国生态城市建设发展报告（2019）》提出了生态城市健康指数评价指标体系，涵盖生态环境、生态经济、生态社会等方面，综合评价了2017年中国284个城市的生态健康状况，总结出绿色生产型、绿色生活型、健康宜居型、综合创新型和环境友好型五类生态城市，各有所长。

21世纪是生态文明的世纪，生态建设刻不容缓。生态城市是一个巨大的抓手，牵引着城市让生活更美好的必由之路。而湿地作为生态系统中不可分割的一部分，通过对城市湿地的保护与修复，撑起生态城市的支柱，共同塑造可持续发展的未来。

（执笔人：姚雅沁、张轩波、安树青）

良禽择木而栖，明人择所而居，人类对理想居所从不曾放弃追寻，在城市高楼林立的当下也不例外。打造湿地城市与森林城市，宛如为城市系上了两条蓝绿交织的飘带，不断拓宽着自然空间，引领城市发展朝着人与自然和谐共生的方向不断进发。

不同于湿地城市到近十年才兴起，森林城市最早提及于20世纪60年代的美国和加拿大，但早期仅着眼于城市美化，后来欧美发达国家日益重视森林在改善城市人居环境、缓解环境污染等方面的重要作用，并以各种方式推进城镇化地区森林的保护和恢复。森林城市旨在以城市土地为载体，将城市人文景观和生态景观有机结合，在市域内形成城乡统筹发展和稳定健康的城市森林生态系统，发挥植被在改善人居生态环境、解决现代城市内部环境污染问题等各方面的作用优势。

得益于较早的发展与推广，森林城市建设之路已颇具体系。我国于20世纪90年代引进森林城市相关概念，并开展了理论研究。2004年，国家林业局启动了国家森林城市创建活动，贵阳市成为第一个国家森林城市，标志着

城湿相融照现实
——湿地城市

我国森林城市建设正式进入实践阶段。《国家森林城市评价指标（试行）》于2005年颁布，后于2007年和2019年进行了补充与修改，涵盖城市森林网络、城市森林健康、城市林业经济、城市生态文化和城市森林管理等指标。经过十几年的发展，"国家森林城市"称号成为一个纳入国民经济和社会发展五年规划的国家级城市称号，国家森林城市建设正式成为国家发展战略。目前，全国共计194个城市获"国家森林城市"称号，已有387个城市开展国家森林城市创建，19个省份开展了省级森林城市创建活动，11个省份开展了森林城市群建设。

同在人与自然关系的大框架下，湿地城市与森林城市具有一定的相似性，但又鲜明地体现出人与湿地、人与森林的区别与联系。湿地城市是基于城市湿地生态系统作为一个整体提出的，其不仅强调人类在城市中所发挥的作用，同样注重野生动植物、自然景观等在城市生态系统中所发挥的功能，并特别强调了湿地作为生物栖息地的角色。而森林城市强调城市生态系统以森林植被为主体，城市生态建设中实现城乡一体化，注重以森林覆盖率、城市绿地和城乡绿化等手段实现森林多功能利用和多效益发挥。

相较而言，森林城市更为强调城乡统筹、覆盖城乡每一块土地，对于城乡一体化发展的要求、建设标准更高，创建难度也更大。例如，国家森林城市的创建中，对城区和乡镇不同区域的绿化覆盖率分别做出了具体要求，城区绿化覆盖率达40%以上，乡镇道路绿化率达70%以上，村庄林木绿化率达30%以上。针对生态福利和生态文化的指标，也做出了明确数量要求。例如，每个乡镇建设休闲公园1处以上，每个村庄建设公共休闲绿地1处以上；建设遍及城乡的绿道网络，城乡居民每万人拥有的绿道长度达0.5千米以上；所辖区（县、市）均建有1处以上参与式、体验式的生态课堂、生态场馆等生态科普教育场所。

总而言之，湿地城市和森林城市作为城市生态建设的两种发展模式，搭建起以森林、树木和湿地为主体的城市自然基础设施，还城市一个清洁、健康的"肺"，携手打造出"天然氧吧"，将绿意撒满城市角落。

（执笔人：姚雅沁、张轩波、安树青）

城湿相融照现实
——湿地城市

在人类寻求理想居所的漫长旅程中，免不了要提及现代生态城市的源头——田园城市。二百多年前的工业革命让城市快速发展并产生了巨大凝聚力，但同时也带来了城市人口急剧膨胀、用地紧张、市政基础设施不堪重负、污染严重等诸多问题。英国社会改革家埃比尼泽·霍华德在《明日：走向真正改革的和平之路》一书中写道，"……如何让人回到土地，回到我们那美丽的苍穹之下、微风拂过、阳光普照、雨露滋润、充分体现上苍对人厚爱的土地上，是所有问题中最关键的问题。这问题的答案是一把万能钥匙，可以开启一道前景光明之门，一举解决放纵、过劳、焦虑、贫穷等一系列政府力所不及的问题，甚至人类与至上权力的关系。"这把解决城市问题的"万能钥匙"就是他的田园城市建设模式，强调城市建设的科学规划，突出园林绿化，通过城市、乡村以及城乡平衡三极磁体，建构舒适的生活环境（图7）。以此为基础，霍华德还在英国亲自主持建设了莱奇沃思和韦林呷两座田园城市。从萌芽状态起就表现出强烈的政治性、思想性和社会性的田园城市理论，尽管其后来的实践与最初的想法大相径庭，

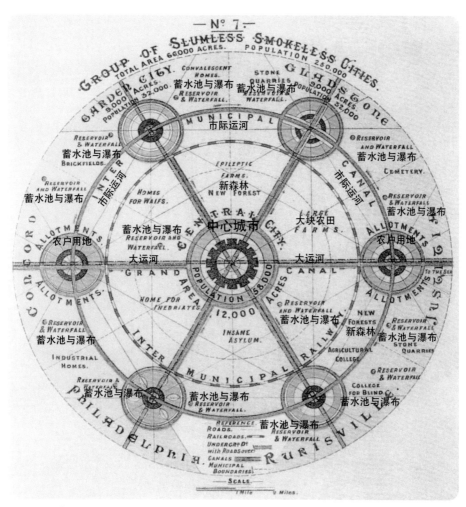

图7 霍华德的早期田园城市群（引自 Ebenezer Howard, 1898）

但在理论上实现城市和绿地之间更大整合的方案概念被经常重温，给此后全球城市规划和理论发展产生了重大而深远的影响。20世纪50年代末60年代初，我国第一批城市规划中，如安徽合肥、重庆北碚等，也能看到田园城市理论的影子。

　　不同于现代开始研究和发展的湿地城市，田园城市虽是带有先驱性的规划思想，但不免有其历史局限性。它强调城市的低密度组团式发展，能解决城乡一体化建设问题，但更适宜在空地上建设，而对于已建成的大城市可行性很小。另外，田园城市的意义早就超越了城市规划本身，它倡导的是一次重大的社会变革和以人为本的价值观。它不仅蕴含生态学的视角，还考虑到经济学和社会学的因素，涉及城市基础设施的建设以及城市的财政、行政管理与效率的思想等。

在实践中，田园城市常被简单理解为注重城市园林绿化，成为以丰富的植物景观为特色的高质量居住环境的代名词，导致了一批花园村（Garden Village）、花园区（Garden Area）、绿色城镇（Green Town）和新市镇（New Town）的涌现。在我国传统园林独树一帜的背景下，沿袭钱学森先生提出的山水城市构想，1992年园林城市于第一次被提出，后被确定为通过有力的组织管理，在全市范围内进行科学、系统、有效的园林绿化和市政建设工作，从而形成具有文化和民族特色、生态状况良好、环境优美的城市。相较湿地城市注重自然资源和生态环境功能等，它更侧重城市景观塑造，以人为的审美情趣为导向。

绿色空间始终是城市的有机组成，城市生态化建设必然是人类的不懈追求。无论是理想状态下的田园城市，延续传统的园林城市，还是切实聚焦的湿地城市，都承载着改善人居生活环境的愿望，指引着城市规划的方向，搭建起生态宜居的美好图景，直至人、城与自然和谐共生的彼岸。

（执笔人：姚雅沁、张轩波、安树青）

"山如碧浪翻江去，水似青天照眼明。"自古以来，山水是文人墨客笔下赞颂不绝的对象，是中国传统文化中自然的最高化身。我国素来山水资源丰富，传统城市自出现之初就与山林水网密切相连。在尊重自然、顺应自然的"天人合一"思想潮流下，城市空间格局讲究与自然山水的共存逐渐发展成一种朴素哲学，应运而生的山水城市也由此成为城市建设与自然环境和谐交融的东方智慧。顺应着山水自然融入城市生活的时代要求，湿地城市也以更为新颖的面貌涌现出来。

古人卜居以"山水间者为上"，造园选址"唯山林最胜"，山水城市本义是指城市选址营造须得山水地形之利，放眼历史名城，如长安、洛阳、建康、扬州、苏州、杭州、徽州等，皆是如此。西方工业化时期，田园城市成为国际上人本主义视角下应对种种城市问题的主流解决思路。而中国内地的城市规划与设计相对粗糙。找到一种既融合中国底蕴又满足生态需求与未来发展的模式，成为众多专家学者的重要课题。20世纪90年代，出于对"到处竖起的方盒子式的高楼，使城市成了灰黄的世界"的担忧，钱学森院士对新世纪中国城市发展方向进行了展望，提出了"山水城市"的构想，意图将中国的山水诗词、古典园林建筑和山水画融合在一起，强调城市文化与生态并行，同时将中外文化、城市园林与城市森林结合在一起。在他眼中，"高级的山水城市"不仅要"依山傍水"，而且要有"人造山水"，要营造人工景观与自然环境和谐共荣的人居环境。吴良镛院士对"山水城市"的解读则是把"自然美"引入城镇，重中之重是城市要与山水统一规划，"对一城市而言，是还自然于城市；对全国城市而言，则是融城镇于祖国大自然中"。步入当代，山水城市的场地尺度面对的是工业文明催生出来的巨量级城市和城市群，它不仅强调在地形上得天然山水之利，更是要求因地制宜，通过自然生态有效保护、城市特色精心塑造和山水文化继承发扬，实现自然环境、文化内涵、审美意境多维度和谐的人居环境体系。

毋庸置疑，山水与城市共融的景观风貌是山水城市、湿地城市等一系列生态城市的共同追求，它们都对自然基地条件有一定要求，助力提升现代人居环境。但山水城市更多地被作为一种规划思想和理念，为城市生态和美学提供参照和引领，缺乏具体实践指标。空间格局的营造与优化是建设山水城市的重点之一，不只是利用自然山水格局，还有人造山和水，兼顾人工美和自然美的意境。这对正确处理好人工环境与自然环境的关系，城市边界与山水空间的关系提出了要求。在文化艺术方面，山水城市更强调中国文化特征与人文历史传承，追求文化品质的构建，以此达到自然山水、园林、建筑相互融合渗透。此外，相较于湿地城市各项要求的整体性，山水城市注意园林绿地的公平分配，"要让每个市民生活在园林之中，而不是要市民去找园林绿化、风景名胜"。

山、水、湿地，同是镶嵌在城市中的珍宝。"让城市融入大自然，让居民望得见山、看得见水、记得住乡愁"已成为新时代理想人居环境的典范。历史悠久的山水城市，与湿地城市一道，在生态文明建设的进程中熠熠生辉，描绘出人与自然和谐相处的生动画卷，一步步实现城市可持续的长远发展。

（执笔人：姚雅沁、张轩波、安树青）

城湿相融照现实
——湿地城市

大量采砂后的自然河流（康晓光/摄）

伴随着城市的快速扩张，曾经被当做"未利用地"的湿地经历了土地被填埋、水体被污染、生物多样性下降、生态缓冲功能减弱以及湿地文化遗失等艰难困境。作为造成湿地满目疮痍的人类，我们不可熟视无睹，我们应该仔细聆听曾经被破坏的湿地独自吟唱的湿地殇歌，反思我们的傲慢，并"提高我们对周围生命所体验和忍受痛苦的警觉"。

满目疮痍湿地殇

楼宇秘境——城市湿地

失忆『河神』的
血泪控诉

他是一条忘记名字的河流。在被填埋的那一刻，他便忘记了自己的名字，忘记了流淌过的地方，忘记了故乡的风景。

他依稀记得的，只有这样一幅让他魂牵梦萦的场景：来自不同地方的溪流向他汇聚，与他融为一体，共同流向前方的湖泊。他的身旁，池杉在秋阳下将褐红色的枝条倒映在水里，与会呼吸的板根窃窃私语；香蒲在暖风中摇曳，一根根香肠形状的肉穗花序互相碰撞；河湾里的三只小䴙䴘又开始了一天的水上舞蹈。

然而，这些都已成为他记忆里的画面。从被填埋的那一刻，他便忘记了自己的名字，忘记了流淌过的地方，忘记了故乡的风景。

他曾听一个带着眼镜的老爷爷说过，在过去的五十年里，全球有35%的湿地已经消失。这是一个超出他想象而可怕的数字。老爷爷说他是湿地的一种，跟他有着同样遭遇的湿地，还有湖泊、沼泽、滨海滩涂和库塘。被填埋的湿地有的很大，有的又很小。他只是所有消失的湿地中很小的一个。

消失的湿地中很大一部分被直接填埋。一个湿地科学团队在研究报告中说道，"在2000年之前的数十年间，中国湿地曾经历了一段快速的萎缩期。而丧失的湿地中，有47.7%是由于农田开垦导致。近10多年来，为确保粮食安全，东北平原大面积的沼泽湿地被开垦为农田。另外，城镇开发建设侵占的湿地则占湿地总缩减面积的13.8%。"

他们所遭遇的痛苦，人类可能无法体悟，而他也不知道如何控诉。人类把美丽的自然湿地围垦成农田，建设成楼房，改造成鱼塘，堆砌成港口码头，甚至成垃圾填埋场。还有很多方式，无所不用其极，湿地被改造得面目全非。

湖边的浅滩被围垦成了种植作物的农田，荇菜和菹草被埋在了土下，成群的罗纹鸭、白鹭飞走了，换来的是越来越多富含化肥和农药的污水不停的流入湖泊。

纵横交错的河流被填埋建成高楼林立的产业园，香蒲被一把火烧成灰烬，麝鼠没有了食物来源，夏夜繁星点点的萤火虫也不见了踪影，换来的是越来越多的各种颜色的工业污水。

沼泽地里的芦苇被收割、装车、送去造纸厂，然后推土机、铲车把这里变成了整整齐齐方格子的鱼塘，震旦雅雀失去了筑巢的地方，蜻蜓和豆娘没有了干净的水可以产卵，换来的是从外地运来的大闸蟹、小龙虾和罗非鱼，还有大量投放的饵料和杀虫剂。

海边的滩涂被填埋后建设成海港码头，成片的红树林被砍伐，弹涂鱼不见了，沙蚕不见了，黄嘴白鹭和东方白鹳也不见了，换来的是喧喧闹闹的塔吊和色彩艳丽的集装箱。

有一件事他始终想不明白！为什么有的地方为了增加

粉煤灰堆场占用后的湿地（康晓光/摄）

林地的面积，硬生生地把大面积的芦苇地填平后种上树苗。人类应该也知道，湿地与森林、海洋并称全球三大生态系统，也是最重要的生态系统之一。他的树木朋友也觉得匪夷所思，花费了大量的人力、物力和时间，把原本净化能力强的芦苇湿地变成新林地是为了什么？这些树原本可用来安放在更需要它们的地方。就这样，他们不再芳草萋萋，不再群鸟齐飞，不再虫语蛙鸣，不再碧波荡漾。

难道人类真的只在乎单一的指标，而忽略了湿地实际的价值吗？

大自然是包容的，无论是湿地、森林，还是海洋，所有的生态系统都毫无怨言地承担着人类以经济发展为由带来的各种各样的破坏。他并不奢望将他填埋的人会得到惩罚，他只希望不会再有更多的湿地被填埋；他只希望不会再有守护湿地的"精灵"无家可归；他只希望人类能够尽快地觉醒，真正明白人类与自然是和谐共生的命运共同体。

（执笔人：康晓光、朱正杰、安树青）

满目疮痍湿地殇

『蓝色水晶』的
至暗时刻

　　2003年，三门峡大坝上游企业污染和城镇生活污水排放严重，导致三门峡"一库污水"事件。

　　2004年，川化股份公司第二化肥厂将大量高浓度工业废水排进沱江，导致四川沱江特大水污染事件。

　　2005年，中石油吉林石化公司双苯厂苯胺车间发生爆炸事故，导致松花江重大水污染事件。

　　2006年，化工厂将大量高浓度含砷废水排入新墙河，导致湖南岳阳新墙河砷污染事件。

　　2007年，极端气候加上水体富营养化严重，导致太湖、巢湖、滇池三大湖泊蓝藻连续爆发。

　　……

　　近二三十年来，在不少地方肆意排放工业污水、生活污水以及过度使用化肥农药，导致城市水体环境现状越来越差，以致近半数的水资源遭到严重污染，影响水环境安全的水污染事件多次发生。水污染已经成为导致水资源短缺的重要原因之一，专家甚至将这种水资源短缺的状况专门定义为"水质型缺水"。

　　城市河流和城市湖泊，本应是镶嵌在城市楼宇间的翡翠项链和蓝色水晶，本应是可以帮助城市系统净化污染物的天然水处理系统，却由于长期高负荷运转而进入了生命的至暗时刻。

那么，是谁让"一曲溪流一曲烟"不再？是谁让"千顷蒹葭十里洲"不再？

在中国长期的城市水环境治理过程中，生态环境专家终于找到了谁是罪魁祸首——点源污染、面源污染和内源污染。

城市水体的点源污染包括工业废水和生活污水。工业废水中大多数污染物的浓度较大，污染物的成分复杂而且比较难以净化，部分工业废水还带有特殊颜色或者难闻的气味，加上水量和水质情况存在非常大的波动，给治理带来了很大的挑战。而生活污水主要来自我们所熟悉的家庭、商业、学校、旅游服务业及其他城市公用设施，像厕所冲洗水、厨房洗涤水、洗衣机排水、沐浴排水等排水带有很大的污染量进入城市水体。

城市水体的面源污染以近郊农业面源污染和城市地表径流影响最大。其中，近郊农业面源污染来自靠近城市郊区的大面积农田，作案特点是分散、随机、难监测。城市地表径流，主要是城市在晴天积累的悬浮物、营养盐等污染物，下雨时随着地表径流进入水体，作案特点是面源随机性、间接式排放。

城市水体内源污染更像是一个让人捉摸不定的潜伏者。它以底泥的形式藏在城市河流和湖泊的底部。一旦水体底泥中的污染物开始释放，它可以不经过任何输移扩散就直接迅速进入水体，而且污染物释放的过程与释放机制复杂。

严重污染的城市黑臭河道（康晓光/摄）

　　罪魁祸首虽然找到了，但是将这些凶手全部抓获治理却任重道远，这是一个复杂、系统且长期的过程。

　　然而，人类必须反省和承认这样一件重要的事情——站在这些凶手背后的，或者塑造这些凶手的其实就是人类自己。只有真正地认识到这一点，人类的努力才会有的放矢，才会真正有可能让城市楼宇间的翡翠项链和蓝色水晶不再暗淡，重新恢复璀璨的光彩。

（执笔人：康晓光、朱正杰、安树青）

被誉为"物种基因库"的湿地，是地球上生物多样性最为丰富、生产力最高的自然生态系统之一。湿地为鸟类、鱼类、蛙类、蛇类、贝类等动物提供了各种各样的栖息、觅食、筑巢和躲避的空间，为万千精灵提供了生活的理想家园。

然而，不可持续的城市扩张却持续不断地伤害着、威胁着万千精灵的栖息和繁衍。

滩涂上迁徙候鸟找不到方便的取食地；

河流里乡土鱼类找不到合适的产卵场；

池塘边蜻蜓和蜉蝣找不到洁净的水域；

……

因为沿海城市的极速扩张，大量沿海滩涂湿地遭受破坏，导致鸻鹬类水鸟面临一个严峻的问题，即大部分不会游泳的鸻鹬类水鸟，如目前数量在快速下降的勺嘴鹬、大杓鹬，无法像往常一样找到合适的沿海滩涂觅食。在无法找到足够食物补给的情况下，漫长的迁徙之路对它们来说便成为无法预测的死亡之旅。

因为城市建设和水利防洪的需要，大量城市内的河道被裁弯取直，河堤被硬化，岸坡被改为直立砌墙或混凝土墙，天然的河道变成了人工明渠。硬质化的城市河道由于缺少了泥土、砾石、卵石等孔隙丰富的底质，水中难以生长具有净水功能的植物、微生物、鱼和其它水生生物。从表面上来看，是城市湿地中各种各样的生物的身影不见了，湿地的生物多样性降低了；而从本质上来看，是城市湿地生态系统的结构和功能遭到了严重的破坏，水体净化的系统被破坏，接踵而至的是水体富营养化。

　　在自然湿地中，有一些可以指示清洁水体的生物，像纹石蚕（*Hydropsyche sp.*）、扁蜉（*Heptagenia*）和蜻蜓（*Anax junius*）的幼虫以及田螺（*Compeloma decisum*）等，这些生物只能在溶解氧很高且未受污染的水体中大量繁殖。随着城市湿地水体质量的下降，适合这些对水质敏感的生物栖息地也消失了，这些生物被发现的概率越来越低。

围垦成水产养殖塘的滨海滩涂（康晓光/摄）

就像多米诺骨牌，从一个物种、两个物种消失，到后来越来越多的物种消失；从对生存环境敏感的物种消失，到后来与其处于同一食物链上的其他物种消失，乃至整个食物链消失。

就这样，城市湿地原本丰富复杂的食物链和食物网被慢慢地解构，变得越来越简单，越来越脆弱。

就这样，被破坏的城市湿地变得越来越没有生机，生物多样性丧失似乎已经无法遏制。

就这样，生活在被破坏的城市湿地中的万千精灵陷入灾难，陷入生命的至暗时刻。

（执笔人：康晓光、朱正杰、安树青）

满目疮痍湿地殇

随风消散的
湿地文化

楼宇秘境
城市湿地

　　与湿地相伴而生的乡土文化涉及生活的方方面面，包括与湿地相关的重要历史事件，包括与湿地相关的传统文化、民俗活动、季节性的庆典活动等非物质文化遗产，也包括与湿地相关的重要人文景观、历史建筑、考古遗迹或文物。

　　如果你对江南水乡的水文化感兴趣的话，如果你有心去留意流淌在城镇或乡村的每一条河流、湖泊的名字的话，你会发现不同的水体拥有不同类型的名字——"江、河、港、泾、浜""湖、潭、荡、泖、池、塘"，以及"浦、沟、淀、泽、湾"。这些与水相关的文字代表着不同的水体形态，讲述着与水相关的故事。这些与河湖湿地相关的文字藏着江南的水乡密码，它们因时、因地、因人、因事，承载了不同的乡情与乡愁，是地域文化精神的凝结。

　　只是，随着现代城市建设的兴起，在大多数年轻人的印象中，线性的水系就是河，大一些的水面就是湖。至于什么是"荡"，保定白洋淀"荷花荡"的故事，江南沙家浜里"芦苇荡"的故事，苏州"黄天荡"的故事，感兴趣的人越来越少，了解这些湿地里所承载的地域文化、精神

152

信仰的人越来越少。

如果你对江苏南部、浙江北部地区的"水八仙"感兴趣的话，如果你有心去留意这些可以做成美食的湿地植物的话，你会发现"莼菜、茭、莲藕、菱角、芡实、水芹、慈姑、荸荠"这八大江南水生植物，展现了湿地与人们生活的另一种联系，不同的水生蔬菜曾经演绎了不同的与湿地相关的饮食文化。

只是，随着水八仙传统种植区因为工业区的扩张而逐渐消逝，随着快餐文化的方兴未艾，这种根植于湿地的作物生产，根植于乡土智慧的湿地饮食文化，虽然带有浓浓的江南韵味但也变得越来越少，它们所承载的对乡土的情感和记忆也变得淡薄，由家常变成了新奇。

如果你对长江三角洲、珠江三角洲地区的"桑基鱼塘"，对长江以南丘陵山区的"南方山地稻作梯田系统"，对东北盘锦地区的"晒盐熬碱"感兴趣的话，你会发现在不同地区，人们的生活与鱼塘、稻田、盐田这样的人工湿地有着千丝万缕的联系，并孕育了地域特色鲜明的湿地文化。

只是，随着社会经济转型发展中农耕文化的逐渐削弱，基于人工湿地兼具农耕文化属性的湿地文化也逐渐变得淡薄而脆弱。它们有很多已经消亡，有很多正在走向消亡。消亡的除了基于人工湿地的农耕形态，还有基于人工湿地的农耕文化所保有的乡土基因和精神。

这些都给我们敲响了警钟，提醒我们是不是该慢下脚步，关心关心那些逐渐被蚕食的城市中的或者城市边缘的人工湿地，关心关心那些人工湿地所承载的富有地域特质和乡土精神的湿地文化。

（执笔人：康晓光、朱正杰、安树青）

满目疮痍湿地殇

浙江湿地一瞥（陈佳秋/摄）

　　生命进化是如此漫长，以至于地球上其他的生物来不及适应人类强大的跃变，使得自人类起源起，延续了数亿年的人与自然的和谐局面不复存在。在历史的长河中，这种失衡，仿佛只发生在顷刻间。

　　一本《寂静的春天》一举打破大开发的号角，唤醒了陶醉于开发建设的人类，人们开始重视治理污浊的空气、肮脏的河流、随处可见的垃圾、混乱的城市、消失的森林资源。1971年，《湿地公约》开启了全球湿地保护的历程。

　　多年来，我国从政策层面、管理机制、保护体系、生态修复、科普宣教、科研监测以及国际交流等方面加强城市湿地的保护修复，不断提升城市湿地生态质量，形成以湿地自然保护区、湿地公园等为主体的多元化城市湿地保护体系，使城市因湿地环境的改善而更加和谐美丽。

护湿蝶变展新颜
——城市湿地保护

湿地保护最强音
——政策保护

法律法规

经济社会在不断发展，人类对于湿地资源的需求量也在不断增加，面对有限的湿地资源，矛盾的激化使得人与湿地的关系走入困境。

如何保护现存湿地，如何恢复被占用消失的湿地，如何修复被严重破坏的湿地，都是各地普遍存在的难题。在我国，法律是公民的行为准则，也是每个人应该坚守的底线，湿地资源的合理利用和保护同样也需要法律的约束。

较早出台的《中华人民共和国森林法》《中华人民共和国水污染防治法》《陆生野生动物保护实施条例》《中华人民共和国野生植物保护条例》《中华人民共和国渔业法》《中华人民共和国长江保护法》等法律法规对湿地的管理和保护发挥了巨大作用，特别是在资源利用与保护的行为规范、破坏资源行为的法律责任及罚则、对野生动植物的捕采等方面都有着卓越的贡献。

2021年年底，《中华人民共和国湿地保护法》正式出台，我国湿地保护事业有了直接的法律依据。

《中华人民共和国湿地保护法》是我国首部专门保护

湿地的法律，共7章65条，在湿地的定义、湿地资源管理、湿地保护与利用、湿地修复、监督检查以及法律责任等方面进行了详细分述，相关的权利、义务和应当承担的法律责任都给出了全面明确的界定，是湿地生态系统整体性保护修复的最高行动指南。

政策规划

发布于2000年的《中国湿地保护行动计划》是进入21世纪以来的第一个国家级的湿地保护政策，它提出了我国湿地保护的目标，明确了我国湿地保护的主要领域，是一部提纲挈领性的国家文件。

2004年，国务院批准《全国湿地保护工程规划（2004—2030年）》，对全国的湿地保护重点区域、建设布局、重点工程进行统一谋划，统筹安排资金，有计划分步骤实施，湿地保护事业日益走上正轨。

此后陆续出台的《国务院办公厅关于加强湿地保护管理的通知》《湿地保护管理规定》《湿地保护修复制度方案》《国家湿地公园管理办法》《国家林业局关于进一步加强自然保护区自然资源管理的通知》《关于加强滨海湿地保护　严格管控围填海的通知》《淮河生态经济带发展规划》《大运河文化保护传承利用规划纲要》《大运河国家文化公园建设保护规划》等政策规划文件，在湿地保护的各个方面均有了逐步规范和细化的管理，引领我国的湿地保护事业沿着可持续的道路一直向前。

（执笔人：陈美玲、傅海峰、安树青）

确保总量不减少
——管理机制

生态红线

红线亦即底线，最早用于限制城市开发建设活动，最为熟知的是建筑红线，此外还有耕地红线、道路红线等。通过红线的约束，各类开发建设行为被合理控制，这种有序的管理为城乡生活带来便利，从而被社会广泛接受并遵守。生态红线顾名思义，是维持生态环境健康可持续发展的底线，生态红线制度给资源存量设定了不可逾越的界线，对遏制资源盲目过度开发和低水平利用起到积极作用。

2014年，国家林业局在第二次全国湿地资源调查的基础上划定了"到2020年全国湿地面积不低于8亿亩"的湿地保护红线，此后，湿地生态红线在应对天然湿地面积萎缩、消亡，湿地水质恶化，湿地防灾减灾能力弱化以及湿地景观永久性改变等问题上发挥引领作用。

湿地生态补偿

湿地保护在很大程度上限制了当地人对湿地资源的获取，即限制直接经济效益，不断激活湿地所蕴含的各类生态效益，比如，调节气候、调蓄洪水以及维护生物多样性等。古语说得好，靠山吃山、靠水吃水，对湿地资源获取的限制，改变了一部分人的生产生活方式，甚至使他们丧失了原有的竞争优势，导致其生活水平降低或者需要花费更多的精力寻找新的谋生手段。

在21世纪初，国家就已经开始探讨如何弥补为保护生态而牺牲的小部分人的利益，湿地生态补偿即是一种在实践中不断推广的管理办法。本着谁修复、谁受益的原则，通过政府补贴、污染者付费、再就业扶持等措施，不断探索解决补偿资金不足、补偿来源单一等问题。有了直接的金钱补助，人们不再站在湿地保护的对立面，转而积极参与湿地保护。

占补平衡

湿地资源以及产品具有不可替代性，当城市化和工业化过程不可避免地占用、扰动或破坏湿地时，占补平衡机制成为解决这一矛盾冲突的思路之一，即通过恢复自然湿地或新建人工湿地补偿开发建设行为中损失的湿地。可以将其理解为湿地指标交易，通过发挥市场在湿地资源配置中的决定性作用，规范开发行为，有效利用湿地，实现湿地零净损失的目标。

2012年，北京率先实施占补平衡制度，各地经过多年的实践检验，湿地面积占补平衡发展为湿地资源总量不下降、湿地生态功能不减少、湿地生态效益不下降的湿地生态质量占补平衡，同时要求尽可能在同一水文单元或同流域内实现湿地生态占补平衡。

湿地银行

湿地银行的概念起源于美国，是一种第三方补偿方式，操作层面上类似于我国广泛推行的耕地占补平衡[①]。湿地银行可以理解为特殊的银行，其操作的不是金融而是湿地资源。

简单来说，湿地银行是由政府、企业、社会组织等实体在一定地域上修复受损湿地、新建湿地、强化现有湿地的特殊功能或特别保存某种湿地，使这些湿地以"信用"形式被储备和交易。

启用湿地银行的前提是预评估认定开发活动对湿地造成的不可避免的损害，由开发商向湿地银行购买"信用"，对这种损害进行事前补偿，以此抵消或补偿项目开发对原有湿地及其局部生态环境带来的不可避免的损失或破坏。

（执笔人：陈美玲、傅海峰、安树青）

---

① 耕地占补平衡是指建设占用多少耕地，各地人民政府应补充划入多少数量和质量相当的耕地的行为。

城市湿地保护形式

湿地保护的形式很多，常见的有湿地自然保护区、城市湿地公园、湿地保护小区等，如果你偶然看见某某水产种质资源保护区或饮用水源保护区等与水相关的保护区域，不要怀疑，这些都是一种保护形式，意味着它们所在的城市，在默默守护着湿地的健康和安全。

（1）生命的天堂——自然保护区

自然保护区是指对有代表性的自然生态系统、珍稀濒危野生动植物的天然集中分布区、有特殊意义的自然遗迹等保护对象所在的陆地、陆地水体或者海域，依法划出一定面积予以特殊保护和管理的区域。通俗来讲，自然保护区就是专门为动植物开辟的生命天堂，尤其是珍稀濒危的物种，在自然保护区，它们可以得到最高级别的保护。

鸟类是湿地的精灵，湿地自然保护区既是留鸟的栖息、繁殖地，又是候鸟的加油站、停留地，是国际候鸟迁徙的重要通道[①]。保护鸟类的关键是通过保护和修复湿地给

[①] 鸟类是飞行高手，那些随季节迁徙的鸟儿是候鸟。鸟儿的世界没有国界，通常随着季节在全世界范围内往返，因而被称为国际候鸟。那些始终在一个地方生活的鸟儿是留鸟。

鸟儿提供适宜的栖息地，建立湿地自然保护区是最有效的方法。

我们在花大力气维护这片湿地区域的同时，它们也在回报我们，抵御洪水、调节径流、改善气候、净化空气、美化环境和维护区域生态平衡是它们最慷慨的馈赠。我们还可以在湿地自然保护区获得最佳的自然生态旅游体验[①]，通过旅游实现大自然的教育意义，促进形成人与自然和谐相处的价值理念。

大数据分析表明，我国西南地区旅游吸引力较高，其中，森林生态和内陆湿地生态旅游具有明显吸引力。如果你的内心也有亲近自然的渴望，湿地自然保护区一定是最好的选择，那里有树有水，有花鸟虫鱼，还隔绝了城市的喧嚣。

（2）城市的乐园——湿地公园

湿地公园是指以湿地良好生态环境和多样化湿地景观资源为基础，以湿地的科普宣教、湿地功能利用、弘扬湿地文化等为主题，并建有一定规模的旅游休闲设施，可供人们旅游观光、休闲娱乐的生态型主题公园。通俗来讲，湿地公园是指以水为主体的公园，按级别可分为国家级湿地公园和地方湿地公园。

城市湿地公园一般位于城中或城市近郊，与其他湿地保护形式相比，城市湿地公园更容易受到人类的关注。与一般的公园相比，城市湿地公园有更加丰富的景观层次和较为完善的生态系统。比如，城市湿地公园有种类丰富的植物，如有长在水里的，也有长在陆地上的，有木本，也有草本；有乔木，也有灌木；有高的，也有矮的；有观花的，也有观果的，有四季常绿的，也有秋冬落叶的，有喜欢攀附其他植物的藤本，也有自我依靠的独立个体……各种各样的植物，形成了丰富的景观风貌，也为野生动物提供了多样化的生存空间。

人口聚集度高，土地开发利用强度大是城市的主要特征，"园无水不活"，湿地与公园的完美结合，为城市中向往自然的人们提供了绝佳的去处。在这里，你可以肆意地奔跑在阳光下、雨露中，跑过溪流、草地、吊桥，徜徉树荫，欣赏美丽的自然风光，闻花香，观察两栖动物，听鸟儿鸣唱，看鱼儿游来游去。

---

① 不是所有自然保护区都可以去旅游，在自然保护区开展旅游活动需要严格的论证，有的自然保护区的动植物需要非常严格的保护，不适合游赏；有的是因为较高的投入，一时间难以完成旅游设施建设；有的太偏远，没有旅游市场，所以未做旅游开发。

每个湿地公园都有严格限制游人及车辆进入的保育区，那是动植物的专属区域。不要觉得不可思议，我们要学着爱护自然，敬畏自然，因为人类本来就是自然界的一种平凡的生物，而不是统治者。

（3）灵活的保护形式——湿地保护小区

湿地保护小区是指面积较小，由县级行政机关设定的湿地保护区域，或者在湿地保护区的主要保护区域以外划定的保护地段，以及由于历史文化或传统等因素自发形成的保护地段，是湿地自然保护区的延伸和补充。通俗来讲，就是迷你湿地自然保护区，是为更好的保护某种湿地资源而灵活设置的小型湿地保护区域。

湿地保护小区一般都不大，设定的目的比较简单，可以仅仅为了保护湿地风貌而设定，也可以为了形成生物迁徙的廊道①而设定，不一定会有珍稀濒危的物种。与自然保护区相比，湿地保护小区设定程序简单，保护级别较低，管理灵活便捷，保护针对性强，所以数量较多，分布广泛，尤其在人口稠密、交通网发达、经济活动频繁的城市地区。通过建立大大小小的湿地保护小区，扩大了生态保护的范围和动植物的生存空间，形成了日益完善的生态网络，通过这些网络，为城市引来了风，招来了鸟。

建立湿地保护小区的首要目的是保护湿地，保护环境就是保护人类自己。对于城市湿地保护小区而言，除了可以保护湿地资源、生态风貌、充当生态廊道和镶嵌作用等功能外，还具有游赏价值，我们可以在里面散步、晨练、休息，偷得浮生半日闲。

---

① 廊道是自然界生物自由来往的安全通道，是生物基因过渡地带，一定程度上可以避免或缓解生态孤岛的出现。

护湿蝶变发展新颜——城市湿地保护

163

（4）地方特色保护形式——上海野生动物重要栖息地

上海位于长江入海口，南、北、东三面滨江临海，全市有近2/3的土地面积是随着长江三角洲的海岸线向海淤涨推移而形成的，造就了上海城市与湿地天然不可分割的空间格局。

大面积的水陆和江海过渡性湿地，支撑着上海独具特色的生物多样性。其中，以沿江沿海湿地最为典型，独特的地理位置使其成为候鸟南迁北徙的驿站以及长江东海洄游鱼类的通道，养育着上海地区近90%的野生动植物种，这里的鸟类多样性堪称世界特大城市之最，成为国际上湿地生物多样性保护的热点地区和敏感地区。

在上海跨越式发展的近几十年里，长江口广阔的滩涂湿地为上海市城市扩张提供了大量的土地资源，对上海的经济发展起到了极为重要的作用。反过来，盲目无序的圈围也使得上海市的湿地资源大幅减少。以崇明东滩为例，新中国历史上的多次围垦使得自然湿地在短短几十年间发生巨大的变化，高盐海水内渗导致优势植被退化，互花米草入侵蔓延，渔业的快速发展进一步干扰了雁鸭等候鸟的栖息，水系也遭到严重的破坏和污染，过渡放牧也对湿地资源造成了严重破坏。

城市环境的改变以及湿地资源的破坏不可避免的带来上海市野生动物栖息地的消失、片段化或破碎化，本土野生动物生存空间被不断挤压，被迫逃离或被驱逐出城市，甚至连适应性极强的本土动物，如喜鹊、家燕、蜻蜓和蝉等种群数量也大幅削减。

进入21世纪以来，上海市积极开展野生动植物保护工作，划定各级各类重要湿地，构建多样化的湿地保护形

贵州威宁草海国家级自然保护区（朱正杰/摄）

式，形成较为完备的湿地保护体系。根据城市特色，营建本土野生动物重要栖息地，从全球和区域尺度为各种候鸟和鱼类营建了一处处乐园，也为蛙类、狗獾、扬子鳄、獐、麋鹿等小种群恢复创造了各具特色的生态岛。上海市野生动物重要栖息地的创建填补了湿地保护的空缺，最大限度地保护本土野生动物栖息地免受人类活动的干扰，也成为上海市独特的湿地保护形式。

城市湿地保护案例

（1）贵州威宁草海国家级自然保护区

草海是贵州最大的天然淡水湖，草海这个好听的名字源自于这片区域繁盛而一望无际的水草。在亚热带高原季风气候的滋润下，开阔水域、浅水沼泽、莎草湿地和草甸有序组合，构成一幅唯美的生态画卷，就像是镶嵌在云贵高原上的一颗明珠。

春季草海在细雨的滋润下醒来，在群山掩映下，这里一抹那里一抹翠绿迅速晕染开来，一望无际的杜鹃花海装点了春日的纯粹。待到夏日，整个湖面被随风摇摆的芦苇、香蒲悉数填满，摩梭姑娘身着红衣，撑着小船缓缓驶来，与岸边盛开的各色花儿相映成趣。秋日里的草海最具风情，海菜花开满湖面，黄的、白的，一丛丛，一片片，穿行其中，宛如仙境。

冬季的草海最为热闹，温和的气候、丰富的资源加上保护区的倾情呵护，使这里成为西南地区迁徙鸟类的重要越冬地和停歇地。在数以万计的珍禽候鸟中，黑颈鹤[①]无疑是最引人注目的，举手投足间尽显优雅。每年农历九月，黑颈鹤的如期到来使得整个湿地愈发光彩照人。

（2）深圳福田红树林自然保护区

在寸土寸金的深圳，有一处纯自然的天堂，也是鸟类的乐园，它就是福田红树林自然保护区。保护区面朝深圳湾，背靠深圳中心城区，毗邻京港澳高速公路，与香港米埔自然保护区隔湾相望。在这片河海交互的区域，咸淡水混合，潮汐作用明显，红树林得以孕育发展。冲积平原、沿海沙堤、红树林滩涂、泥质光滩、滩涂潮沟水道、基围鱼塘等多样化的湿地生境孕育出极高的生物多样性。

在不冷不热的冬天，这里成为东亚－澳大利西亚候鸟迁徙路线上重要的物资补给站，每年9月到次年5月最为热闹。经停的鸟类中，黑脸琵鹭最为显眼，它们那状如琵琶的大嘴总是让人发出阵阵惊叹。沧海桑田，改革开放短短四十几年，深圳由一个小渔村一跃成为国际大都市，这片保护区正在用实践证明发展和保护是一个可以并存的课题。

---

① 黑颈鹤是世界上唯一生长、繁殖在高原的鹤。

深圳福田红树林自然保护区（深圳市红树林湿地保护基金会/供）

（3）西藏拉鲁湿地国家级自然保护区

西藏拉鲁湿地国家级自然保护区是我国最大的城市天然湿地，保护区总体呈东西走向，拉萨市区和高原群山一南一北将其环抱，一条支流贯穿其中，连通中干渠和流沙河，芦苇和莎草科植物组成错落有致的草本密林，广袤的泥炭沼泽草甸在高原气候下积淀为一处巨大的碳汇场所，孕育出西藏嵩草、葛蒲、海乳草、裂腹鱼、高原蛙等极具特色的生物多样性，是名副其实的高寒湿地物种基因库。

每年11月，数千只不同种类的候鸟钟情于此，其中不乏黑颈鹤的身影，此外还有胡兀鹫、高山兀鹫、斑头雁、赤麻鸭、棕头鸥等。蜿蜒流淌的河流、丰美的水草，装点出保护区的纯净和美好，毫无疑问，它成了拉萨的天然后花园，站在高高的布达拉宫，保护区的风貌尽收眼底。

西藏拉鲁湿地国家级自然保护区（陈佳秋/摄）

（4）江苏沙家浜国家湿地公园

　　沙家浜国家湿地公园始建于20世纪末，最初面积仅有500亩。得益于当地政府的高度重视，通过搬迁工业企业，恢复原生态的湿地风貌，引种多样化的湿地植物，仅在十余年间其面积扩大了8倍，公园内水网稠密且与周边区域河湖相连，构成完好的湿地生态环境体系。沙家浜国家湿地公园利用水网密织的优势，扩大修复了芦苇环抱的秀美风光，重现抗日战争时期江南水乡游击战的场景，成为长江三角洲地区重要的红色教育基地和生态旅游胜地。

　　浩浩荡荡的芦苇群丛，精心设计的缓坡岸线、浅滩、开阔水面，构成多样化的栖息环境，孕育出丰富的野生动植物资源，吸引大量南来北往的候鸟在此停留，以中华秋沙鸭、黑鹳、白鹤、黄嘴白鹭、绿头鸭等最为珍贵，足够幸运的话，还可以看到鸳鸯、赤腹鹰、红隼、小鸦鹃和青头潜鸭等稀客，前提是先学会辨识。

江苏沙家浜国家湿地公园（王健/摄）

（5）北京野鸭湖国家湿地公园

北京野鸭湖国家湿地公园坐落于群山环绕的延庆区，是北京市最大的湿地生态系统。沟汊纵横、库湾众多的官厅水库水系在西、北两侧为湿地公园带来充沛的水源补给，依托多样化的库塘、河流、沼泽、季节性洪泛平原等湿地风貌，经过多年的保育，这里已成为重要的鸟类栖息地，也是东亚－澳大利西亚国际鸟类迁徙路线的中转驿站。黑鹳、东方白鹳、白头鹤、大鸨、金雕、白尾海雕、白肩雕、白鹤、遗鸥等超过280种鸟类以此为过渡，飞跃华北平原，其中，以雁形目鸭科的种类和数量最多，野鸭湖由此得名。茫茫苇塘间，在鸟语花香的诗情画意里，人们慕名而来，不知不觉中与这静谧的山水田园融为一体，恍惚间就像置身于烟雨江南。

（6）香港湿地公园

香港湿地公园是20世纪末香港政府为权衡土地开发

和保护湿地环境而兴建的，在原有低洼地形的基础上重建了淡水和咸水栖息地，小溪流、沼泽地、小水塘、泥滩地和红树林被恰到好处地安排，种类多样，拥有各类物种成长的必要条件，温热潮湿的气候与丰富的降雨相得益彰，植物家族在这里迅速枝繁叶茂。身披五颜六色羽毛、唱着各种各样曲调的鸟儿，敏捷的蜻蜓，翩翩起舞的蝴蝶，聒噪的鸣蝉，好动的蚱蜢，勤劳的蜜蜂，这些看似平常的生物与湿地迅速融为一体，令这片湿地妙趣横生。

得益于香港的国际知名度和极高的人口密度，香港湿地公园一经建成，便在这片繁华的都市迅速扬名。每个星期日和公众假期，富有生态经验的工作者带着慕名而来的游人进入湿地，开启奇幻之旅。有趣的讲解和多样化的体验让湿地的魅力在人们的眼前一一展现。

香港湿地公园（野禽与湿地基金会/供）

台湾关渡湿地公园（中国台湾方伟达/摄）

（7）台湾关渡自然公园

关渡自然公园位于台北市西北端，是淡水河及基隆河的交会口，300多年前这片区域曾历经大地震而陷落为大湖湖床，后历经河水冲积和气候变化，逐渐演变成平原低洼地带。城市建设的快速发展使台北市湿地大幅减少，关渡自然公园是台北市政府为保留台北市最后一块湿地净土而建设的。

淡水河是台湾第三长河，向北汇入台湾海峡。受淡水河的影响，湿地公园呈现朝夕水文变化的特色，涨潮时草泽大部分被淹没，红树林也仅露出树冠部分，退潮时则出现大片泥滩地。淡咸水沼泽特有的植物、招潮蟹、弹涂鱼等生物种类丰富。关渡湿地作为南迁北返的候鸟补给站和越冬地由来已久，自然公园建成后，迅速成为鸟类越冬圣地，一度吸引超过400种鸟类于此集结，这些湿地的精灵随着潮涨潮落栖息觅食，站在河堤上可以很清楚地欣赏它们整理羽毛或觅食的专注身影。

（8）常熟昆承湖湿地保护小区

昆承湖是常熟最大的湖泊，也是重要的水产养殖基地。20世纪80年代起，城市工业迅速崛起，昆承湖周边被无序开发，污水被肆意排放，一度水臭鱼亡。昆承湖生态环境的恶化引起了政府部门的重视。2006年，常熟市正式启动昆承湖生态修复工程，陆续清除、取缔畜禽养殖点和围网养殖，整治污染企业，加强环保监督管理，开展湖底清淤、生态湿地恢复，实施生活污水截流工程。

各类措施多管齐下，湖泊水质得到有效改善，吸引大量湿地水鸟前来栖息觅食，湿地生物多样性显著提高，最让人惊喜的是罗纹鸭，单次观测到的数量超过千只。历经岁月的洗礼，昆承湖在时代背景下焕发新的生机，也让常熟这座江南水乡更加富有诗情画意。

常熟昆承湖湿地保护小区（王健/摄）

为了巩固昆承湖湿地生态修复成果，也为了持续地保护这块宝贵的城市湖泊湿地，2017年建成昆承湖湿地保护小区。水聚人气，再辅以原生态的湿地风貌，这里也成为周边民众良好的休闲去处。

（9）上海崇明明珠湖獐重要栖息地

上海曾是獐的家乡，无节制的猎杀以及近代大都市的扩张挤占了它们的生存空间，一度让这个繁殖能力很强的本土生物濒临灭绝，早在百年以前就已踪迹难觅。

自2013年起，明珠湖公园着手栖息地改造营建，为獐营造适宜的野外生存环境，同时增加浆果类植物，吸引鸟类驻留。经过十余年的发展，这里被打造为以獐为标志物种的上海特色公园，实现了保护野生动物和增加市民游赏空间的双重目标。

（执笔人：陈美玲、傅海峰、安树青）

护湿蝶变展新颜
——城市湿地保护

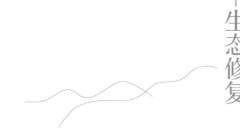

受损湿地的呵护
——生态修复

生态修复类别

（1）自然保育

在生态系统受损未超过负荷、轻度退化的情况下，影响因素消除后，退化生态系统可以在自然过程中逐渐得到恢复。此时，自然恢复是其最简单的生态修复模式，通过人为干预消除或控制不良影响因素，使其能够沿着自身正常的生态过程发展演替，从而逐渐恢复为稳定的湿地生态系统。作为管理者，我们只需要考虑湿地生态系统自身特性，如可恢复力、适应性及弹性等。

（2）生态恢复

生态恢复是指针对在自然突变和人类活动影响下受到破坏的湿地生态系统的恢复与重建，通过停止人为干扰，以减轻湿地生态系统的负荷，依靠生态系统本身的自我调节能力与自组织能力使其向有序的方向进展演化，辅以人工措施，使受损生态系统得到恢复和改进，进而恢复生态系统原本的面貌，比如，退圩还湖[①]，让湿地生物回到原来的生活环境中。

---

① 退圩还湖是将围垦湖边或湖内淤地改造成的农田恢复为湖面的工程措施。

（3）辅助再生

当湿地生态系统受损严重，生态结构和功能出现退化，即便不良影响因素消除，也无法实现自我修复。此时，虽然受到了较严重的干扰，但生态系统的生境、生物群落结构、生态功能等尚未遭到毁灭性的破坏。在满足以上两点的前提下，借助生物、物理、化学等一定的人工辅助措施，依靠生态系统的自我恢复能力，使得生态系统退化发生逆转，逐渐回归正向演替，被称为人工促进生态修复，即辅助再生。

（4）生态重建

生态系统受损程度超过负荷，生态结构和功能完全退化或被破坏，无法通过人工辅助措施恢复生机和活力，需采取人工措施有目的地重建一个具有一定结构、功能、多样性和动态的湿地生态系统的过程，包括重建某区域历史上曾没有的生态系统的过程，被称为生态重建。通过改良或改造原有不良湿地性状和环境条件，重构水文和地貌，再植乡土物种和引进新物种，使被破坏的湿地重新焕发生机，并逐渐恢复自我维持能力，形成健康稳定的湿地生态系统。

（5）湿地处理场

湿地处理场是一种专为处理净化污水而修建的人工湿地，最早起源于德国。通过人工模拟自然的方式，形成一个综合的生态系统，应用生态系统中物种共生、物质循环再生、结构与功能协调等原理，促进废水中的污染物质良性循环，同时充分发挥资源的再生潜力，获取污水处理和资源化利用的最佳效益。近年来，随着生活水平的提高，人工湿地的建设越来越注重视觉体验，工程师利用良好的美学素养，将其装点成一处处可供游赏的休闲空间。

（6）基于自然的解决方案——NbS理念

NbS（Nature-based Solutions）是大自然保护协会[1]针对生物多样性丧失、水污染、生态环境退化等问题提出的解决方案，即采用"与自然合作"的理念以产生显著的多重效益，在满足一个或多个社会需求的同时，必须给自然带来净效益。

选择NbS理念开展湿地生态修复，首先必须认识到"自然是人类生存和良好生活质量的基础"这一事实，以维持或改善生活多样性为关键因素，并且注重与科学家、社区居民、企业和政府密切配合，共同设计和实施创新的解决方案。

（7）星星之火——小微湿地的保护和修复

通俗来讲，小微湿地就是我们身边的小水塘、小河流，以及在雨季蓄水的低洼地，所有你看到的小型水体，几乎都可以被称为小微湿地，当然，也不能太小，小猪佩奇的泥坑肯定不是。

小微湿地一般以开敞的水面为中心，以林地、农田、塘埂、石坡、道路等为边界，分布不均匀，呈线性或块状分布。常常因自然地理或人为干扰被分隔成斑块[2]，与外界水体缺乏联系。在笔者小的时候，这样的小型湿地随处可见，印象中最深的是雨季的蛙鸣，咕呱咕呱，此起彼伏，夏日的农村夜晚，闭上眼睛是蛙鸣，睁开眼睛是繁星点点

---

[1] 大自然保护协会（TNC，The Nature Conservancy）成立于1951年，是国际上最大的非营利性的自然环境保护组织之一，一直致力于在全球保护具有重要生态价值的陆地和水域，维护自然环境，提升人类福祉。
[2] 小块状的自然区域，可通过廊道与周边更大、更多的自然区域相连，如果没有廊道相连，就成了生态孤岛，缺乏与外界的联系，在那里生活的动植物一定很孤单。

的夜空……

小微湿地是湿地生态系统重要组成部分，与人类生活息息相关，发挥着调蓄雨水、调节气候、灌溉农田和美化环境等功能，还为植物、昆虫、两栖动物、鸟类等生物提供了生存空间，为人类带来了许许多多的伙伴，装点我们的生活。城市中的小微湿地保护和修复可以结合海绵城市、雨水花园、口袋公园的建设，发挥生物栖息营造和环境美化等生态功能，为城市居民提供休闲游憩的绿意空间。

生态修复措施

（1）保护管理

在我国，大量开垦和不合理开发利用仍然是自然湿地减少和被破坏的主要因素，湿地不合理利用包括盲目排干湿地、过度取水调水、污水直排、对湿地野生生物资源的掠夺等。对于以上破坏因素，通过加强保护和管理，采用无为而治的智慧，将湿地交由湿地"自我管理"，即可实现尽快消除各种人为因素导致的湿地退化的目标。

（2）水环境修复

湿地以水的存在为特征，针对湿地水文水质条件、结构特征，基于其水流、水量、水位及其变化的特点，通过水系梳理，合理分配水量，满足湿地生态需水要求。

（3）栖息地恢复

敬畏自然、顺应自然是人类长存之道。觅食、躲避和栖息是自然界一切动物的生存需求，不过分挤压其他生命的生存空间，与野生动植物一起分享唯一的地球家园。在湿地修复过程中，通过栖息地恢复，构筑多种地形，塑造多元化生境条件，为野生动植物保留足够的生存空间，让多种多样的生命有条件自由自在地繁衍生息。

（4）植被恢复

植物是自然界的第一生产者，多种多样的植物构成植被。植被通过地上部分的光合作用和地下部分的吸收作用为地球上一切生物创造生存的物质基础，湿地生态修复同样离不开植被。多种多样合理搭配的湿地植物，通过吸收作用降低污水浓度，通过根系的固定作用减缓水土流失，且提供多样的附着环境和栖息环境，通过根系呼吸作用促进水下好氧微生物种群壮大，发挥微生物净化功能。各种长势健壮、多花多果的植物还具有美化环境的功能。植物的作用还有很多，三言两语很难概括。

（5）食物链恢复

湿地生物之间由于相互捕食或互利共生等种间关系而彼此联系在一起，共同构成一条具有物质循环、能量流动和信息传递等基本生态功能的食物链。根据能量塔原理和食物链、食物网的物质流动原理，配置腐食性、草食性、植食性、肉食性鱼类及其他水生动物，补充与完善各营养级功能团，恢复多样化的湿地生物群落，形成稳定的食物链，激发与启动湿地自然演替潜力，构建水质清澈、鱼跃蛙鸣的健康水生态系统。

生态修复实践

（1）自然保育——长江

长江是亚洲第一长河，世界第三长河，和黄河一起并称为我国的"母亲河"。长江流淌几千年，横亘中国东西，是孕育华夏文明的摇篮，对长江湿地资源的保护，关乎我国生态文明的发展和长治久安。

长期以来受拦河筑坝、水域污染、过度捕捞、航道整治、挖砂采石等活动影响，长江水生生物的生存环境日趋恶化，生物多样性指数持续下降，珍稀特有物种资源全面衰退，白鱀豚、白鲟、鯦、鲸等物种已多年未见，中华鲟、长江江豚等极度濒危。为保护长江野生鱼类资源，自2021年1月1日零时起，"长江十年禁渔"①计划进入全面实施阶段，列入十年禁渔计划的除了长江干流，还包括岷江、沱江、赤水河、嘉陵江、乌江、汉江、大渡河等重要支流，以及鄱阳湖、洞庭湖。

长江禁捕，何尝不是在帮助长江原住民收复失地。世间万物皆有灵性，相信以长江为家的精灵儿，一定都能感受到人类对它们的满满善意，也相信在10年之后，通过我们的努力，长江肯定会有不一样的风采。这不，才刚禁渔一年多，就有很多幸运儿，看到了久违的长江江豚②，它可是微笑天使呢。

（2）生态恢复——苏州太湖国家湿地公园

太湖地处经济发达的长江三角洲地区，苏州太湖国家湿地公园原为太湖的一处湖湾，相传吴王夫差和美人西施曾经游玩于此地，故而得名游湖。太湖之水从西南流入，向东进入苏州密布的水网，这里也因此成为苏州市水系与

---

① 长江是我国"淡水鱼类的摇篮"，也是世界上生物多样性最为丰富的河流之一，滔滔江水哺育着424种鱼类，光特有鱼类就有183种。近年来，长江流域的水生生物资源已经严重衰退，酷渔滥捕是破坏水生生物资源最主要、最直接的因素之一。
② 长江江豚是我国特有物种，也是目前长江里唯一的淡水哺乳动物，仅分布于长江中下游干流以及洞庭湖和鄱阳湖等区域，在地球上已生活超过2500万年。由于其数量的锐减，近20年来种群量快速衰减，曾经一度比大熊猫的数量还要少，被列为国家一级保护野生动物。

太湖交汇的关键地带。20世纪70年代中期兴起的围湖养殖使游湖成为养殖基地，紧接着80年代太湖环湖大堤的复堤建设以及21世纪初游湖口防洪闸的建成，游湖成为内湖，使其与太湖和周边河道港汊的连通受到限制。

苏州太湖国家湿地公园的建设，恢复了游湖与太湖水体的紧密联系，在退塘还湿的基础上，将原先大片的鱼塘恢复为湖泊湿地，综合区内现状条件增加开阔水面、河漫滩湿地、灌丛沼泽湿地、泥滩湿地、芦苇沼泽湿地等多样化的湿地生境，湿地面积得到明显增加，大量的原生态植被得到恢复，特别是茂密的芦苇丛，形成气势恢宏的太湖生态风貌。如今的太湖湿地公园已成为苏州的旅游胜地，成为久居城市的都市人群回归自然的良好去处，也为太湖流域的湿地恢复提供了科学示范。

（3）辅助再生——徐州潘安湖

潘安湖是一个当代人工湖，当潘安湖还是一片荒野时，人们醉心于挖掘埋藏于此的煤炭资源，经过长达100多年的开采，逐步形成一些地势低洼的塌陷湿地，地表裸露，风雨侵蚀，塌陷范围随着时间的推移不断扩大。建设湿地公园是当地人给予这片土地最温和的补偿方式，这项工程最早可追溯至2001年。经过20多年的倾情付出，这片洼地上高耸的杉科植物，在开阔的大草原般的水面上投射出宜人的树影，紧邻湖水的边缘，出现一片片美轮美奂、品种丰富的丛林景象，野生的蔷薇、荆棘树丛、藤蔓，各种精心搭配的乔木、灌木、草本，营造出四季宜人的休闲环境，使这片饱受摧残的土地重新焕发出勃勃生机。

（4）生态重建——上海大莲湖湿地恢复示范工程

大莲湖是淀山湖下游的一处浅水湿地，根据《上海市

徐州潘安湖（南京大学常熟生态研究院/供）

黄浦江上游水源保护条例》，其所在的淀山湖区域是上海市水源保护区的重点水域，也是上海市生物多样性富集区域。

　　大莲湖与淀山湖的主要出水口——拦路港相通，自然湖泊和人工鱼塘是其主要的湿地类型。除上游来水外，周边较大的村庄和人口密度带来的生产生活污染，是影响湖泊水环境以及水源地保护的重要因素。

　　在辨识上海水源地面临的主要环境压力基础上，大莲湖湿地恢复示范工程提出"构建和谐社区，重塑江南水乡"的项目目标，以退渔还湿为先导，通过恢复和重建湿地，塑造多样化的水生生物栖息环境，逐步恢复水体食物网，形成湖泊健康水生态系统；发展湿地有机农业，建立农村污水处理系统，削减生产生活污水对环境的污染负荷；开展"1＋1"伙伴行动，探索社区参与式水源地保护范式，提升周边社区环保意识，号召当地居民自觉自愿地参与水源地保护。

作为流域的门户，修复后的大莲湖与周边城市组成了社会－经济－自然复合生态系统，重构了一个不可分割的生命共同体。健康湿地、有机农业和伙伴行动三步走的修复措施也成为业内广泛推广的"上海大莲湖模式"。

（5）湿地处理场——雄安新区府河河口湿地水质净化工程

白洋淀是海河平原上最大的湖泊，雄安新区设立后，白洋淀被环绕其中，成为雄安新区的生态屏障，修复好、保护好白洋淀湿地是总书记的殷切嘱托。府河河口湿地水质净化工程位于雄安新区白洋淀西部，府河、瀑河、漕河三河入淀河口区。近年来，府河河口因入淀水量不足，生态水位不够，导致生态环境急剧退化，水域、湿地面积总

上海市大莲湖（南京大学常熟生态研究院/供）

雄安新区府河河口湿地（中电建生态环境集团有限公司/供）

体呈减少趋势，原有湿地风貌逐渐被水田、旱地所取代。

项目定位以净化入淀水质为主，同时兼顾处理突发水污染事故和恢复近自然生态湿地风貌，采用"前置沉淀生态塘+潜流湿地+水生植物塘"的水质净化工艺，有效改善了白洋淀入淀水质。

建成后的府河河口湿地运行稳定，景观良好，成为华北地区规模最大的功能性人工湿地，并于2020年成为雄安新区首个省级生态环境教育基地。优良的栖息生态环境、水生植物和水生动物等觅食条件，吸引了小天鹅、疣鼻天鹅、鸿雁、黑翅长脚鹬等60余种涉禽、游禽栖息觅食。

（6）NbS模式——合肥巢湖十八联圩湿地修复工程

巢湖是我国五大淡水湖之一，合肥是巢湖流域特大型城市，流域经济、社会活动和城市扩张给巢湖带来巨大的生态压力，受自然水土流失和人类活动影响，巢湖水质呈现富营养状态，水华暴发，严重影响巢湖供水安全。

十八联圩湿地毗邻南淝河入巢湖口，曾是巢湖湖滨湿地的一部分。随着环巢湖地区的城镇化和工业化程度的不

十八联圩（中交上海航道局有限公司/供）

断提高，周边湿地由于被无序占用而加剧斑块碎片化，生
活污水、工业废水和农业用水对环巢湖周边湿地生态系统
的干扰愈加强烈，导致包括十八联圩湿地在内的环巢湖地
区水系水质不断下降，生物多样性受到威胁。

　　由于十八联圩湿地内水流双向流动，水体流动效率
低，自然的湿地水网生态结构遭到破坏，其现状不能满足
修复自然湿地的需求。通过6年时间，工程分四期实施引

退水分离与多级水位湿地调控技术、多水田活水链湿地复
合技术、生态滤岛技术、"食物链重构"技术，重构湿地
生态结构，恢复水体自净能力。项目多层次递进式生态修
复方式避免了过度工程化和高成本修复，在水体净化、生
态农业、生物多样性保护等方面取得显著效益。

　　该项目是"基于自然的解决方案（NbS）"在中国生
态保护与修复中的典型实践与应用。6年未满，修复中的十八联圩已经出落得楚楚动人，甚至有人将其称为巢湖之肾，生物多样性也显著提升。鸟类由原来的63种增加到129种，包括黄胸鹀、黑脸琵鹭、东方白鹳等国家一级保护野生动物，白琵鹭、云雀、水雉等国家二级保护野生动物，鱼类由原来的37种增加至64种。

（6）小微湿地的保护恢复——淮安市首批24个小微湿地

2020年，淮安市以建设国际湿地城市为契机，结合海绵城市、雨水花园、口袋公园的建设，在全市范围内选择合适区域建设动植物栖息地型、湿地景观型城市小微湿地，有效发挥小微湿地生物栖息、环境美化等生态功能，为城市居民提供休闲游憩的绿意空间。小微湿地的恢复与

淮安市施河镇小微湿地（张可凡/摄）

建设，为淮安市增添了"绿色血液"。通过自然恢复和人工措施，恢复小微湿地生态系统功能，除了增加湿地面积外，还包括湿地植物种群遗传多样性、动物（鱼类、鸟类、底栖动物、重要经济意义动物）多样性。淮安市小微湿地示范项目的实施取得了良好的社会反响，为促进淮安市湿地的全面保护迈出了一大步。

（执笔人：陈美玲、傅海峰、安树青）

护湿蝶变展新颜
——城市湿地保护

以知识铸就未来
——科普宣传教育

建设科普场馆

在我国，湿地概念的提出只有短短几十年，湿地保护还是一个新生事物，且多年来一直由政府主导，公众对湿地的了解非常有限，因不知道湿地的概念，人们对湿地的过度开发、占用、掠夺、破坏在很大程度上属于无意识行为。

在知识经济和科教兴国的战略背景下，湿地科普宣教得到国家大力推广和实践，通过反复的宣传教育，能够在较短的时间内，让公众了解为什么保护湿地和如何保护湿地。

自然保护区和湿地公园是建设湿地科普场馆的理想之地，在这些地方，我们不仅可以肆意地奔跑在阳光下、雨露中，跑过溪流、草地、吊桥，看朵朵白云，感受微风轻拂，释放生命的热情，还可以在科普场馆探索湿地的奥秘，了解湿地历史文化，学习生态环保知识。

中国湿地博物馆是国内唯一的国家级湿地类综合科普中心，其所在的西溪国家湿地公园也在努力打造"科普西溪"。香港湿地公园建有多个科普型建筑，并有序地规划设计了室外科普点，如溪畔漫游径、后海湾观鸟屋等，发挥了湿地公园保护自然环境、特色生态旅游、科普宣传教育的多种功能。

湿地学校

湿地学校是以湿地自然为师，以"湿地文化"课程为载体的生态校园，由国际湿地（中国湿地学校网络委员会）发起创建。这种把湿地科普教育和课堂有机结合的模式，可以帮助学生学习湿地生态及人文知识，了解湿地在人类生存发展和生产生活中的重要作用，增强其尊重自然、保护自然的意识，从而自觉投入保护生态环境的实践活动中，以此树立终身环保理念，并通过"小手牵大手"传承湿地保护使命，增强青少年乃至全社会的湿地保护与合理利用意识，影响更多的民众携起手来共同建设美好的湿地家园。

国际湿地城市常熟历来重视提高全民湿地保护意识，于20世纪90年代起，通过各种活动进行湿地科普宣传教育，并于2015年11月建成常熟市第一所湿地学校——沙家浜湿地自然学校。自成立至今，学校已组织开展20多次湿地亲子游活动，通过寓教于乐的方式，向近万名市民宣传湿地知识，孩子们也在亲近自然、放松身心的同时认识了许多植物、鸟类、鱼类和昆虫等多种多样的湿地生物，并且学会了怎样与它们和谐相处，潜移默化中成为湿地的守护者。

值得一提的是，2016年7月2~3日，沙家浜湿地自然学校举办主题为"听鸟儿在唱歌"的湿地亲子游活动，世界自然基金会（瑞士）北京代表处约20人参加了此次活动。

护湿蝶变展新颜
——城市湿地保护

189

网络宣传教育

得益于科学技术的发展，强大的互联网让信息一日千里的构想得以实现，利用网络宣传湿地知识，为湿地科普宣教插上了腾飞的翅膀。政府部门可以通过网络渠道延展湿地科普触角，发挥网络优势，扩大生态保护的受众群体和影响力，实现湿地保护修复工作的宣传教育和舆论引导。还可以通过与媒体合作，打造"湿地＋互联网"的模式，实现湿地自然风光的实时云赏，为游客带来全方位体验，展示湿地生态特色文化，实现足不出户游湿地。开通湿地保护网络宣传、在线教育和互动平台，宣传湿地保护知识，传承湿地文化，是一种不错的互动体验。还可以针对不同人群、不同行业开展分类宣传教育，海量信息通过电脑、手机等渠道传播扩散，逐步走进不同地区不同群体。

东北海滨城市盘锦拥有大面积的沿海滩涂湿地，天然饵料丰富，吸引大量候鸟钟情于此，这里是丹顶鹤大陆种群南北迁徙最集中的停歇地和自然繁殖分布的最南限及越冬分布的北限，也是濒危物种黑嘴鸥①最大的繁殖地。

鸟爱盘锦，盘锦人也爱鸟，2005年，盘锦市民段文科组织发起以野生动物摄影为主的生态门户网站——鸟网，超过130个国家和地区的鸟类摄影师、鸟类研究专家学者、环保人士和鸟类爱好者通过互联网汇集于此，组建了中国鸟类保护联盟和观鸟拍鸟基地。

鸟网共收集鸟类（动植物）图片330万张，涵盖我国的1400多种鸟类及世界近万种鸟类的1/3，还有各类野生动植物、风光、人文景观等精美的图片，是迄今为止中国乃至世界上最大的生态类图片网站。

自鸟网开通以来，共举办13次研讨会、21次摄影比赛，为全球鸟类爱好者提供了观鸟、拍鸟、爱鸟、护鸟的平台，也形成了一支规模宏大的民间爱鸟队伍。

关于湿地的节日

湿地保护是一项公益事业，需要政府的大力倡导和支持，也离不开全社会

---

① 黑嘴鸥是珍稀、濒危鸟类，也是国际特别保护的物种，1993年被国际自然及自然资源保护联盟（IUCN）列为"濒危"鸟类，1998年被列入《中国野生动物红皮书》。

的关心与支持。众多保护湿地的节日，足以证明人们对它的重视，从年头到年尾，人们采用各种各样的方式关注湿地，开展湿地保护宣教活动，呼吁更多人参与湿地保护。

（1）世界湿地日

1971年2月2日，来自18个国家的代表在伊朗南部海滨小城拉姆萨尔签署了《湿地公约》。1996年10月，《湿地公约》常务委员会决定将每年的2月2日定为世界湿地日，此后世界湿地日的主题宣传教育活动在我国得到大力推行，日益成为各地重要的湿地科普教育形式。

（2）国际生物多样性日

生物多样性是地球上所有生命历经几十亿年发展进化的结果，是人类赖以生存的物质基础。1992年，在巴西里约热内卢召开的联合国环境与发展大会上，来自全球的153个国家和地区签署了《保护生物多样性公约》，我国是第64个签字国。1994年12月，联合国大会通过决议，将每年的12月29日定为"国际生物多样性日"，2001年起，国际生物多样性日改为每年5月22日。

（3）世界水日

水环境污染和水资源匮乏日益发展为全球性的生态危机，引起联合国的广泛关注，1977年召开的"联合国水事会议"提出，在不久的将来水资源匮乏将成为一个严重的社会危机，呼吁世界各国行动起来，号召各行各业节约水资源。1993年第47届联合国大会做出决议，将每年的3月22日定为"世界水日"。

（4）世界地球日

2009年第63届联合国大会决议将每年的4月22日定为"世界地球日"。该活动最初于1970年在美国民间发起，随后影响越来越大。活动旨在唤起人类爱护地球、保护家园的意识，促进资源开发与环境保护的协调发展，进而改善地球的整体环境。中国从20世纪90年代起，每年都会在4月22日这一天举办世界地球日活动。

（5）爱鸟周

"爱鸟周"源于1981年经国务院批准的林业部等8个部门为保护迁徙于中日两国间的候鸟而提交的《关于加强鸟类保护执行中日候鸟保护协定的请示的通知》。1992年，国务院批准的《陆生野生动物保护条例》确定将每年4月底至5月初的某一个星期定为"爱鸟周"。多年来，各种爱鸟护鸟活动在全国各地每年如期开展，爱鸟周的影响力在逐步扩大，越来越多的爱心人士加入其中，为保护城市湿地的精灵奉献爱心。

（执笔人：陈美玲、傅海峰、安树青）

科学研究

科技是第一生产力，开展湿地科研课题研究既为发展，也为在激烈的竞争中保持活力。聘请湿地生态修复、生态规划等领域的专家学者，成立湿地修复专家咨询委员会，与国内外科研院校和专业学者交流合作，借助湿地监测网络体系，深入开展湿地科学研究是各地普遍的做法。有条件的地区，还会定期召开湿地科学学术研讨会议，邀请国内外知名学者和优秀研究生参与报告和研讨，促进观点碰撞与信息共享。

湿地生态修复是一个囊括自然、社会、经济和文化等多种要素的动态开放式课题，湿地保护和修复要成为一项有助于落实生态经济发展的事业，必须致力于研究和创新，根据湿地修复整体性和系统性的特点，遵循自然规划和人与自然和谐共生的原理，开展多层次、多尺度的研究，在学科交叉融合的基础上，探索发现湿地生态修复的运行机理和隐秘于山水林田湖草之中人与自然共生的法则，总结和提炼出湿地生态修复的一般原理，加强湿地生态修复模式、技术和制度等方面的探索，成为行业内重要的参考。

智慧监测

智能生态监测系统是保护湿地的一大利器，卫星遥感、无人机等高新技术、先进装备与系统的应用，可助力"天空地一体化"智慧监测网络建设，形成"互联网＋监管"的应用模式，提高湿地监测评估的立体化、自动化、智能化水平。通过开展全方位、不间断、高精度的监测，可以帮助湿地管理人员实时掌握湿地水环境的动态变化，及时掌握湿地生态修复成效，为下一步的管理和保护提供决策依据。

普达措国家公园是中国第一批国家公园体制试点单位，位于云南西北部"三江并流"世界自然遗产中心地带。2020年7月，普达措国家公园建成智慧监测管理系统，监测管理系统分为环境因子管理模块、生物因子管理模块、人为因子管理模块。其中，环境因子管理模块分为水质监测、大气监测、噪声监测、土壤监测等单元，可实现对普达措国家公园区域内的水质、大气、土壤等在线监测管理；生物因子管理模块主要包括动植物监控和e-DNA监测，可实现对区域内的鸟类、鱼类、底栖动

普达措国家公园监控中心大屏展示图（南京大学常熟生态研究院/供）

物、浮游动植物进行监控和监测；人为因子管理模块主要由视频监控和访客管理组成，可监控人为干扰活动，为公园管理者提供访客信息，如游客数量、网上游客订票数量等。

借助互联网，实现云管理系统，手机APP可以让管理人员随时随地查看数据报表，观看实时监控视频，还可以通过手机或者电脑对监控镜头进行远程操作，利用5G网络、光纤等通信方式将数据进行远程传输、收集、汇总、分析并保存，方便进行数据比对和分析，从而更加全面、系统地了解公园环境的变化。

（执笔人：陈美玲、傅海峰、安树青）

大尺度的湿地保护
——国际交流合作

《湿地公约》及国际湿地城市联盟

溪流汇入江河，与那数不清看似与世隔绝，实则暗流涌动的湖泊和库塘共同汇入大海，勾画出蓝色星球的轮廓，也让各国湿地彼此间产生千丝万缕的联系，作为湿地精灵的鸟类每年南来北往也证明了这一点。因而，要真正意义上做到湿地保护的可持续发展，需要各个国家之间竭诚合作。

《湿地公约》是目前影响力最大的全球湿地保护攻守同盟，我国于1992年加入，并由国家林业局组织成立了《湿地公约》履约办公室，2005年，我国当选为《湿地公约》常务理事国。

2012年，《湿地公约》组织提出探索建立"国际湿地城市认证"体系，为与湿地有紧密联系的城市提供品牌宣传机会。经过近五年的酝酿，于2017年正式启动国际湿地城市提名认证工作，2018年于阿联酋迪拜举办的第十三届《湿地公约》缔约方大会公布了首批国际湿地城市并授牌，全球共7个国家18个城市获此殊荣，我国提报的6个城市全部获批，分别为常熟、海口、常德、哈尔滨、东营和银川。2022年6月11日第二批国际湿地城市名单揭晓，全球共25个城市获此殊荣，其中我国合肥、济宁、梁平、南昌、盘锦、武汉、盐城7个城市榜上有名。截至目前，全球共有国际湿地城市43个，其中中国13个，位居第一。

为进一步支持国际湿地城市工作，湿地公约东亚区域中心自发组织建立起一个更强有力的"国际湿地城市"网络——市长圆桌会议，并于2019年举办的首届会议上拟定了"市长圆桌会议"网络的职责范围，建立了城市之间的沟通渠道，参会方就通过开展对话与交流，定期分享城市湿地管理经验和政策法规，促进模范城市之间关于社会经济和环境保护的合作、提升和发展达成共识。

自《湿地公约》签署以来，人们对湿地功能和价值的认识不断深化，已从最初的关注湿地水禽栖息地保护，发展到今天注重整体生态系统的保护和生态服务功能的发挥，这是《湿地公约》对全球生态保护作出的重要贡献。通过广泛的交流合作，取长补短，既开阔了视野，提高了水平，还为世界认识中国打开又一扇窗。通过国际间合作增加了湿地保护的资金投入，国外许多先进技术和管理方法在中国湿地保护工作中得到了应用，促进了中国湿地保护事业的发展。

湿地国际

湿地国际创立于1954年，是一个全球性的非营利性组织。湿地国际的大部分工作围绕政府、非政府组织或私人资助的项目。湿地国际通过合作伙伴和专家来实现全球湿地保护和恢复的美好愿景，让世界上的湿地因其美丽、庇护的生命和提供的资源而受到珍惜和培育。湿地国际在18个国家设立办事处，1996年成立"湿地国际—中国项目办事处"。

2000年，在湿地国际的运作下，由全球环境基金（Global Environment Fund, GEF）提供资助，中国政府和联合国开发计划署共同执行的"湿地生物多样性保护与可持续利用项目"在黑龙江三江平原淡水沼泽、江苏盐城沿海滩涂、湖南洞庭湖淡水湖泊和四川与甘肃两省交界的若尔盖高寒沼泽4处区域启动，项目历时6年，于2005年圆满完成。

国际湿地科学家学会

国际湿地科学家学会（Society of Wetland Scientists，SWS）成立于1980年，是国际性非营利组织，旨在推进湿地科学研究、湿地保育、湿地修复、湿地科学管理及湿地资源可持续利用，发起并出版了《Wetland》等国际一流湿地科学刊物。湿地科学家学会与《湿地公约》秘书处等众多国际组织建立了合作关系，并在湿地生态系统服务功能等多方面达成共识，共同开发协作项目，以推动湿地和水资源的可持续保护和管理。湿地科学家学会在世界各地设有分会，中国分会设于中国科学院东北地理与农业生态研究所，南京大学常熟生态研究院院长安树青教授任中国分会副主席。

其他国际交流

关于湿地保护的国际间合作，最早可以追溯到20世纪80年代，先后与日本、澳大利亚政府签订中日、中澳候鸟保护协定；以及90年代与俄罗斯政府签订中俄两国共同保护兴凯湖湿地的协定。

我国加入的其他与湿地有关的国际组织还有《国际捕鲸管制公约》《濒危野生动植物种国际贸易公约》《联合国海洋法公约》《防止倾倒废物及其他物质污染海洋的公约》《保护世界文化与自然遗产公约》《生物多样性公约》《联合国气候变化框架公约》《联合国防治荒漠化公约》等。

积极与国际湿地科学家学会（SWS）、湿地国际（WI）、国际生态学学会

（INTECOL）、联合国教科文组织（UNESC）、国际自然保护联盟（IUCN）、国际水协会（IWA）、世界自然基金会（WWF）、世界银行（WB）、联合国开发计划署（UNDP）、全球环境基金会（GEF）、国际鹤类基金会（ICF）、野禽与湿地基金会（WWT）等国际机构和组织在湿地野生动物保护、湿地调查、湿地自然保护区建设以及人才培训等方面进行了合作。引进国外资金、技术和先进管理理念，开展湿地保护修复示范项目，促进国内湿地保护管理科学化、规范化，提高湿地保护管理水平。

（执笔人：陈美玲、傅海峰、安树青）

护湿蝶变展新颜
——城市湿地保护

冬日鸟趣（陈俊/摄）

　　湿地的建设是城市可持续发展和人居环境改善的重要手段。湿地能减轻城市防洪的压力，为城市补给充足的水源，为人类提供优质的景观环境，为生物提供栖息环境……保护湿地生态系统就像描绘了一幅城市、人与自然三者和谐发展的美丽画卷。那还等什么，这幅画卷需要添上你的那一笔。

点滴行动向未来
——城市湿地保护行动

楼宇秘境
城市湿地

湿地使者行动
——志愿者服务

　　湿地作为城市稀有的自然资源，是城市绿地系统的重要组成部分。湿地公园的可持续发展，对于保护城市湿地生物多样性、涵养城市水源、促进城市生态环境协调发展等方面具有较强的现实意义。

　　湿地公园生态较为脆弱，城市湿地公园大多位于城市周边，附近会有邻近的工业存在，必然会影响湿地公园的土质、水源等生态环境。再加上湿地公园内游客产生的垃圾与污染物，也进一步影响了湿地公园内的生态环境，致使城市湿地公园的生态面临严峻的形势。为更好地保护城市湿地，提高公众的湿地保护意识，世界自然基金会（WWF）开展了一项大型公益宣传活动——湿地使者行动。数以万计的大学生和生态保护使者通过主办单位根据湿地保护现状及热点问题所制定的主题，制定各自的方案，参加竞标，以公平的竞争方式，抉择出优胜队伍。优胜队伍通过接受培训学习获取保护和合理利用湿地的观念后，进入湿地开展湿地保护和宣传工作。

　　从2001年成立到现在，"湿地使者行动"已经累计吸引了超过300个高校和生态保护团队参与，足迹已遍布全国20个省（自治区、直辖市）等地，通过保护、享受和宣传湿地的行动，吸引更多人成为"湿地使者"。那么，湿地使者是如何行动的呢？

去到湿地，清洁湿地

使者们踏上了湿地保护的征途，行走在湿地之中，身体感受着与水系、泥土、植物、动物的第一次亲密接触，他们手拿夹钳、垃圾桶等工具，沿着河道捡拾河沟旁和草丛中隐藏的各类垃圾。栈道上，志愿者轻轻俯下身子，小心翼翼地拾捡水边被遗弃的塑料水瓶，生怕惊扰了在湖面上戏水的鸟儿。夕阳映射在清透的水面上泛起波光，芦苇随着微风浮动，美景让使者们将这一天的辛苦都抛于脑后，没有垃圾的湿地原来如此让人留恋。

走访，传播湿地保护知识

太阳刚刚升起，使者们开始了走访湿地周边村落、宣传湿地的任务。他们挨家挨户敲门，面对面交流。不管是老人还是青年人，不论他们来自哪种行业，都欣然接受使者们的提问与宣传。他们将湿地保护、恢复与可持续利用知识传递给了村民们，也因此了解到了村民因为湿地建设而涉及的经济利益的冲突。这宝贵的走访记录能更好的推动人与湿地的和谐共生。

走进学校，宣传湿地知识

这是湿地使者走进校园的一个场景：湿地使者们来到湿地附近的小学，开展了一场生动的环境教育课。使者们利用电子课件、互动游戏和自然读物的形式，向同学们介绍了湿地的定义、类型和作用等知识，让孩子们对湿地有了最初的了解和印象。同时，结合身边的湿地，使者们重点介绍了保护身边湿地的重要性和手段，让孩子们形成了强烈的湿地保护意识。

因为热爱，使者们走进了湿地；因为热爱，使者们走访了村庄社区；因为热爱，使者们宣传了湿地保护的重要性。现如今，越来越多的环保人士加入了"湿地使者"的群体当中，他们通过宣传湿地知识，播撒友谊的种子，把对生态环保的这份热爱化作动力，为保护湿地美好的明天而不懈努力。

（执笔人：陈俊、邵一奇、安树青）

喧闹的都市让人们越来越向往自然。其实，当我们放慢脚步，细心观察、认真聆听，那些展翅飞翔的精灵们正在城市的各个角落用生命演绎着自然的奥秘，只是需要我们自己去发现。说鸟是人类的朋友一点也不为过，它们时而化作消灭昆虫的能手，时而化作美化环境的播种能手，时而化作监测自然灾害的哨兵，它们总是默默无闻地为人类无私奉献。

因为鸟儿的体形、生理和生活习性各有鲜明的特点，所以它们对栖息的环境有不同的需求，而湿地正是拥有丰富的植物资源和完整的生态系统，我们才能在不同的湿地类型中见到它们的身影。如今观鸟已逐渐成为生态旅游的热门活动。我国鸟类资源丰富，全球共9条候鸟迁徙路线有3条都经过我国。观鸟活动发展飞快，观鸟人群迅速扩大，也吸引了大量游客参与观鸟活动。然而，正是因为游客对鸟类生活环境的不熟悉，才引发了一系列观鸟过程中的不文明现象，不仅污染了鸟类的家园，更使鸟类受到了惊吓。所以我们要友好观鸟，像朋友一样善待它们。那我们该从何做起呢？

（1）观鸟时要自觉遵守"只可远观，不可近玩"的原则，与鸟类保持安全的距离，避免鸟类受到惊吓和干扰；

（2）在拍摄鸟类照片时，要关闭相机闪光灯，以免使鸟类受到惊吓；

（3）有些躲藏在灌丛中的生性害羞的鸟类，隐蔽不易观察，不可使用不当的方法引诱其现身，用学习鸟叫、大声喧哗等行为刺激鸟类；

（4）外出观鸟时穿着颜色低调的服饰，最好是黑、绿、迷彩等颜色，颜色切勿过于鲜艳；

（5）在观鸟过程中切勿损坏花草、乱扔垃圾，要保证鸟儿有一个干净完整的栖息家园；

（6）如果遇到鸟类筑巢或育雏行为，应该保持距离，以免鸟儿受到干扰而弃巢；

（7）积极参加环境教育课程，提高自身的保护环境意识，在以后的观鸟活动中，争当护鸟监督员，杜绝身边的不文明观鸟现象，感染他人，激发大家对鸟类及其栖息环境的保护意识。

观鸟是一项有益身心的活动，能帮助人们更贴近自然。鸟儿是人类的朋友，也是食物链中重要的组成部分，我们应该养成良好的观鸟习惯，爱护鸟类，让鸟儿在天空中自由翱翔。蓝蓝的天空中只有配上鸟儿才会充满生机，别让天空变得孤单。

（执笔人：陈俊、邵一奇、安树青）

时常有这样一些令人触目惊心的图片流传在网络上：羚羊被巨型的轮胎套住脖子，沙滩上漂来被塑料垃圾填满肚子的鲸鱼，乌龟被金属环箍住龟壳以至坚硬的躯壳变形扭曲，海洋上的小岛竟然是人造垃圾岛……

国内经济迅速发展使生活物资极其富余，一方面能够帮助改善人民生活水平，另一方面也明显带来了大量的垃圾。我们每个人产生的垃圾看似寥寥无几，但由于人数众多而导致总量巨大，并且每年保持高速增长，如果不对垃圾加以分类，只是一味地填埋、焚烧处理，最终的结果将是建起一座座垃圾山，升起滚滚垃圾烟，污染空气和水源。

我国的水资源、土地、空气以及人民健康因为这些可恶的垃圾已经承担了太大的压力，做好垃圾分类处理、守护我们的绿色家园势在必行。我们每个人都可以从日常生活的方方面面着手，让垃圾找到合适的位置，达到最优的消化处理。

少用一次性产品，多用可循环物品

当前，快递、外卖、住宿等行业对一次性物品的依赖持续加深，尤其是外卖行业，点一份餐送来七八个独立包装小餐盒的情况屡见不鲜。作为消费者，我们可以拒绝过度包装的物品，如果大部分人都这样坚持，就可以从源头上倒逼提供产品的商家减少过度包装的使用。

树立垃圾分类观念，普及正确投放垃圾的知识

日常产生的垃圾通常分为四种，分别是：可回收物、湿垃圾、有害垃圾、干垃圾。可回收物主要包括硬纸板、塑料制品、玻璃制品、金属制品和旧衣服这几类，通过综合处理回收利用可以节约资源；湿垃圾包括剩菜剩饭、菜根菜叶、果皮、过期食品等食品类废物，可以进行堆肥处理；有害垃圾是指过期药品、电池、灯管、水银温度计等对人体有害的物质，或者容易造成环境污染的垃圾，需要单独回收、谨慎处理；干垃圾是除上述几类垃圾外的受污染的废纸、塑料袋、砖瓦陶瓷、渣土等难以回收的废弃物，可通过卫生填埋的方式进行分解。

做垃圾分类的宣传大使，让环保风气以点带面深入人心

我们每个人都是垃圾分类的参与者，在家庭教育中，家长作为榜样，要认真学习垃圾分类知识，提高环保意识，以身作则，教导孩子学会垃圾分类，让孩子在家庭的熏陶下培养垃圾分类意识，达到"润物细无声"的效果；在学校教育中，孩子们学习到的垃圾分类知识可以反哺于家庭中，让父母、爷爷奶奶、外公外婆共同参与进来，孩子们作为小监督员，随时提醒家人垃圾四分类；在社会面宣传上，我们看到关于垃圾分类的公益广告、宣传海报可以停下脚步，给自己补充知识、充充电，也可以参加一些关于垃圾分类的公益活动，成为守护环保的志愿者。

走进湿地公园，了解垃圾填埋场的修复改造

垃圾填埋场达到使用年限关闭之后，留下了大量的废弃物，既占用土地资

源，又会排放出渗滤液和有害气体，严重污染环境。专业人员对垃圾填埋场进行景观生态修复后，可以作为城郊湿地公园，除了能改善当地的生态环境，还能为居民朋友们提供大量的绿色休闲空间。我们走进垃圾填埋场改造的湿地博物馆，在这里可以学习到垃圾填埋场因何产生，如何运转，环节处理不好有哪些危害，如何在日常生活中做好垃圾分类来减少或者避免垃圾的产生，垃圾填埋场是怎样通过一步步修复来达到恢复生态的效果的。

（执笔人：陈俊、邵一奇、安树青）

楼宇秘境
城市湿地

勿扰生物幽静
——游览规范

近年来随着旅游业的大力发展，湿地生态环境的可持续发展因游客的不文明行为而受到威胁。我们时常在社交媒体中能看到：海南三亚海滩中秋夜，每年游客除了赏月，还留下了大量的垃圾；印度一只双角犀鸟被三人捉到，遭遇棍打、头部被脚踩，导致濒危物种的死亡；在四川，一伙人在大洪河国家保护区抽水捕鱼并现场直播恶意破坏野生鱼种群的重要栖息地。游客对生态环境的不友好行为造成了湿地生态环境和生态系统的严重破坏，影响了动植物的栖息环境，从而导致一些濒危物种面临灭绝的风险。

湿地公园是厌倦了城市喧嚣的人们聆听自然美好声音的绝佳场所；园内动植物的和谐交融是人们认识和了解自然、体验与感受自然的绝好机会；湿地公园浓厚的文化底蕴和历史沉淀，更是带来了一种美妙的感官升华。因此，为了保证湿地公园可持续发展，为栖息在湿地中的动植物营造一个舒适的环境，规范游客游览行为是促进湿地生态环境发展的必要前提。在此，我们呼吁大家，在游览湿地公园的过程中要做到：

自觉保持公园整洁

在游览湿地公园过程中，要自觉遵守公园相关规章制度，尤其是做到垃圾不落地、游览不留痕，保持环境整洁美观。游览时，不随地吐痰、便溺、乱扔烟头纸屑等；不在景区内吃带有汤汁的食物，以防洒出，自觉做好垃圾分类；保持湿地生态环境整洁、维护游园秩序。

共同爱护湿地动植物

湿地公园内的动植物是整个生态系统可持续发展的重要因素，为了保证动植物良好的栖息环境，在游览湿地公园过程中，请不要攀爬和刻画树木、不采摘花草果实、不捕捉野生动物、不随意喂食、与动物保持安全观赏距离等，共同爱护湿地内的一花一草一物。

共同维护公园环境

主动参与景区环保宣传、做环保志愿者。通过学习环境教育知识，加强自身对湿地的保护意识，从而激发个人了解自然环境的兴趣，培养尊重自然的美好情操，养成爱护自然、保护动物的行为习惯。

呼吁他人提高环保行为

游客在游览湿地过程中，不仅要严格要求自己环保，还要主动劝导影响他人，协助相关部门维护湿地生态环境，例如，劝导他人不要乱丢垃圾、不要伤害动植物、保持安全的观赏距离等，积极检举旅游中发现的破坏自然环境等行为。

所以，只有形成稳定的自然价值观和环保意识，才能在游览过程中表现出良好的行为习惯。美景供人欣赏，美德让人敬仰，文明参观需要全社会的共同参与。我们呼吁所有人，做一个发现美、欣赏美、享受美、创造美的人，以自己的实际行动，保护好我们共同的湿地公园！

（执笔人：陈俊、邵一奇、安树青）

水，是大自然对人类的慷慨馈赠，是人类赖以生存的永恒财富。如果从太空看向地球，在阳光的反射下，我们会看到一个蓝色的星球，她的身体有2/3的区域是被水覆盖着的。站在海岸边张开双臂，空气中飘来咸咸海风的味道，目之所及的是蔚蓝的晴空和无垠的海岸线，鸥鹭翩飞，海浪争相涌动着……但是在这幅美好画卷的背后，是一组令人担忧的数据，地球上的水资源，97.5%是海水，淡水量仅为2.5%。即使是在这2.5%的淡水中，依然有高于90%的比例是来自两极冰川和深层地下，且难以为人类所开发利用。因此，我们目前能够利用的淡水资源总量极其有限，大约只占地球水资源的0.3%，而湿地则为我们提供了大部分的淡水。

可是，人口增长、城市化和消费模式的变化，给湿地和水资源带来了难以承受的压力。全球淡水资源几乎都受到了污染。按照世界水资源研究所的统计，人类在20世纪的淡水用量是19世纪的10倍有余，而21世纪以来，全球每年的淡水使用量还以4%~9%的速度在持续递增。联合国环境规划署的研究结果与世界水资源研究所的研究结论显示，如果按照当下的水资源消耗模式继续发展下去，到2025年，全球将会有35亿人缺水。

湿地是调节水资源的"天然海绵"，不论是输水、储水、供水还是改善水质、涵养水源、维持水循环，都发挥着巨大作用。可以说，湿地为人类带来了丰富的水资源。从另一方面来讲，水是湿地的灵魂，没有了水，湿地也将不复存在，二者相辅相成、浑然一体。人类对水的消耗越大，意味着留给自然的水越来越少。水危机正威胁着所有生命，而湿地的丧失和污染又加剧了水危机。因此，保护水资源，必须从保护湿地开始。

节约用水，从点滴做起

我们在日常生活中，要增强节水意识，养成节水习惯，学习一些节水小窍门，比如，选用节水的洗衣机，控制水龙头的水流量，给植物浇水选择早晚阳光较弱、蒸发量少的时间，减少浇水次数……自觉养成计划用水、节约用水、重复用水的良好习惯，做到人走水停，提倡一水多用。同时，可以积极参与节水教育和宣传活动，对身边的用水浪费现象敢说敢管，加强监督，共同保护利用好水资源，努力形成共同关心、共同监督、共同维护、共同节水的良好局面。

停止破坏，恢复湿地

近20年来，人们在开发利用湿地资源的过程中，忽视了保护和管理，以致出现水体污染加剧、富营养化严重、生物入侵严重、多样性下降、湿地面积萎缩等情况，这些现象使湿地生态系统逐渐丧失其功能，造成了严重的环境问题。因此，我们必须立刻停止破坏，首选当然是自然恢复的办法，但是以国内现状来看，仅靠自然力量难以实现自然恢复，此时，人工辅助恢复变为必要手段。湿地专家们以自然生态的修复或是经济价值和社会功能的赋予为判断依据，以具体目标来选择所需施展的技术，通过地形地貌恢复、自然湿地岸线维护、河湖水系连通、植被恢复、野生动物栖息地恢复等手段，逐步恢复湿地生态功能，维持湿地生态系统健康。

治理污水，恢复生态

近10年来，水污染治理的重要性逐渐为社会所重视。污染的来源多数是城市化带来的，如工业废水、生活污水和生活垃圾，也有集约农业化造成的，如化肥灌溉、农药废水等。人工湿地作为人工干预自然的调节手段，能够提高污水净化效率，达到修复水源水质的目的。人工湿地能够利用土壤、人工介质、植物、微生物的共同作用，通过吸附、过滤、沉淀、分解、转化等一系列功能，达到治理污水、恢复生态的效果。除了生态功能，人工湿地还兼具娱乐功能、经济功能和宣传教育功能。我们能够想象，在钢筋混凝土铸造的城市中，有这样一片成熟的湿地公园存在：散步的市民可以从毫无防备的群鸟中自由穿梭，河岸芦苇丛中蛙声此起彼伏，成群结队的野生动物被吸引着来这里安家，岸边隐立的宣教展示板作着科普，良好的水质大量生产出水生动植物作为农产品资源……

当前，湿地保护理念还未深入人心，因此，广泛开展以保护湿地为主题的宣传活动已刻不容缓。媒体可以通过公益广告、公益演出、抖音等引流平台用一种直观的方式向公众普及有关湿地的常识，介绍湿地现状以及明晰哪些是破坏湿地的行为，引导公众逐步认识湿地的重要性并主动加入保护湿地的阵营。同时，中小学作为基础教育的主要阵地，学校可以将保护湿地资源等内容开发为地方特色课程，通过组织学生课上学习湿地相关知识，结合课后游学实践的方式，培养学生从小热爱湿地、保护湿地的价值观。

（执笔人：陈俊、邵一奇、安树青）

蔡宜君,陆琦.广州古城水系景观营建研究[D].广州:华南理工大学,2018.

曹玲玲,邹洁,周召平,等.全面禁捕背景下渔业渔民转产转业对策探讨[J].时代经贸,2021(6): 104-106.

曾昭朝,吴富勤,张绍辉,等.昆明市盘龙区天生坝水库湿地保护小区建设[J].内蒙古林业调查 设计,2021,44(2):30-32.

陈彬,俞炜炜,陈光程,等.滨海湿地生态修复若干问题探讨[J].应用海洋学学报,2019,38(4): 464-473.

陈珊,万金红.我国森林城市现状、问题及对策[J].温带林业研究,2021,4(01):1-7.

陈爽,张皓.国外现代城市规划理论中的绿色思考[J].规划师,2003(04):71-74.

陈潇.盐城海盐文化资源及其保护与开发利用[D].南京:南京农业大学,2009.

陈小斐,熊晶晶.武汉城市空间形态与城市格局的历史演变[J].艺术科技,2019(13):13-15.

陈兴茹.城市河流在城市发展中的作用及功能[J].中国三峡,2013(3):19-24,4.

程军,韩晨.湿地的生态功能及保护研究[J].安徽农业科学,2012,40(18):9851-9854.

程翊欣,王军燕,何鑫,等.中国内地观鸟现状与发展[J].华东师范大学学报(自然科学版), 2013(2):12.

崔丽娟,雷茵茹,张曼胤,等.小微湿地研究综述:定义、类型及生态系统服务[J].生态学报, 2021,41(5):2077-2085.

达良俊.基于本土生物多样性恢复的近自然城市生命地标构建理念及其在上海的实践[J].中国 园林,2021,37(5):20-24.

但新球,鲍达明,但维宇,等.湿地红线的确定与管理[J].中南林业调查规划,2014,33(1): 61-66.

党明德,林吉玲.济南百年城市发展史——开埠以来的济南[M].济南:齐鲁书社,2004.

段汀龙.城市湿地生态服务功能探析[J].地域研究与开发,2014,33(1):117-121.

冯媛.伊通河对长春城市空间布局演变的影响分析[D].长春:东北师范大学,2014.

付元祥,张大才,韩莹莹,等.基于乡村人居环境整治的小微湿地修复思考[J].林业建设, 2022(1):33-36.

傅凡,李红,赵彩君.从山水城市到公园城市——中国城市发展之路[J].中国园林,2020,36(4): 12-15.

郭明友，张海强．无锡近现代"山水城市"建设探索的实践与启示[J]．中国园林，2020，36(04): 28-33.

韩联宪，杨亚非．中国观鸟指南[M]．昆明：云南教育出版社，2004.

汉声编辑室．中国水生植物-苏州水八仙[M]．上海：上海锦绣文章出版社，上海故事会文化传媒有限公司，2012.

洪鹄．大运河申遗与运河城市的兴衰[J]．南都周刊，2014(35): 1-2.

胡而思，易桂秀．城水共生，南昌建城环境变迁及水系空间特征分析[C]．中国城市规划年会论文集共享与品质——2018中国城市规划年会论文集(09城市文化遗产保护)，2018: 1-7.

胡振鹏．赣州福寿沟防洪排涝原理初析[J]．江西水利科技，2021，47(3): 157-161.

黄光宇，陈勇．生态城市概念及其规划设计方法研究[J]．城市规划，1997(6): 4.

黄光宇．田园城市、绿心城市、生态城市[J]．土木建筑与环境工程，1992，14(3): 63-71.

纪雪．2025年将有35亿人面临缺水[J]．生态经济，2019，35(10): 5-8.

李国庆，张玉芬，李长安．南京城市发展史[C]．智慧城市：180-182.

李昊伦．南昌城市空间形式演变研究[J]．建筑与文化，2019，7: 145-146.

李亚．"水城"良渚：中华5000年文明见证者[J]．黄河黄土黄种人·水与中国，2019(8): 2-3.

李耀庭，马万顺，张益民，等．水与城市的历史和发展[C]．人水和谐及新疆水资源可持续利用——中国科协2005学术年会论文集，北京：中国水利水电技术出版社，2005: 163-166.

李长安，张玉芬，李国庆，等．武汉东湖是如何形成的?[J]．地球科学，2021，46(12): 4562-4572.

刘成．地名的文化信息——以盐城地名和海盐文化为例[J]．盐业史研究，2012(2): 39-43.

刘华斌，古新仁．城市小微湿地特征与价值研究——以南昌中心城区为例[J]．中国园林，2022，38(3): 101-105

刘睿智．岳阳：大江大湖里的"巴陵故事"[J]．中国青年作家报，2021，4(13): 16.

刘玮，李雄．"山水城市"人居环境营建策略研究[J]．工业建筑，2018，48(1): 7-11.

参考文献

刘卫.广州古城水系与城市发展关系研究[D].广州:华南理工大学,2015.

刘增礼,林寿明,魏安世.广州市湿地资源现状及保护管理对策[J].林业调查规划,2007, 6(3): 79-82.

陆敏.论历史时期济南城市的空间拓展[M].济南:济南出版社,2003.

陆玉芹.江苏地方文化史:盐城卷[M].南京:江苏人民出版社,2020.

骆文.江南的水上密码[J].中华遗产,2018(9): 25-28.

吕维霞,杜娟.日本垃圾分类管理经验及其对中国的启示[J].华中师范大学学报(人文社会科学版), 2016, 55(1): 39-53.

马广仁.中国湿地文化[M].北京:中国林业出版社,2016.

马广仁,严承高,田昆,等.国家湿地公园宣教指南[M].北京:中国环境出版社,2017.

钱学森.钱学森论山水城市[J].长江建设,2002(2): 1.

乔清举.河流的文化生命[M].郑州:黄河水利出版社,2007.

邱志荣,张卫东,茹静文.良渚文化遗址水利工程的考证与研究[J].浙江水利水电学院学报, 2016, 28(3): 1-9.

任紫钰.浅谈隋唐大运河的历史价值和现实意义[J].中国文化遗产,2016(5): 6.

荣冬梅.美国湿地缓解银行制度对我国生态补偿的启示[J].中国国土资源经济,2020: 65-69.

沈明洁,崔之久,易朝路.洱海环境演变与大理城市发展的关系研究[J].云南地理环境研究, 2005, 17(6): 63-68.

沈兴敬.江西内河航运史[M].北京:人民交通出版社,1991.

石河,何建勇.北京2019年计划恢复湿地1600公顷新增湿地600公顷北京首个"小微湿地"亮相亚运村[J].绿化与生活,2019(8): 2.

孙广友,王海霞,于少鹏.城市湿地研究进展[J].地理科学进展,2004, 23(5): 7.

孙锐,崔国发,雷霆,等.湿地自然保护区保护价值评价方法[J].生态学报,2013, 33(6): 1952-1963.

汤臣栋,管利琴,谢一民.上海市野生动植物及其栖息地保护管理现状及思考[J].野生动物, 2003(6): 51-53.

唐豪.城市湿地影响下城市扩展模式与城市热岛模式关系研究[D].南昌:江西师范大学, 2019.

田富强,刘鸿明.保护红线的基建占用湿地管理创新[J].湿地科学,2015, 13(3): 276-283.

田富强,刘鸿明.自然湿地与人工湿地生态占补平衡研究[J].湿地科学与管理,2016, 12(3): 45-49.

田永秀.因水而兴——水运与近代四川沿江中小城市[J].四川师范大学学报(社会科学版), 2004, 31(5): 8.

王保林.历史时期河湖泉水与济南城市发展关系研究[D].临汾:山西师范大学,2009.

王卉.活态遗产视角下苏州古城主干水系景观风貌提升策略研究[D].苏州:苏州大学,2020.

王会, 刘明昕, 赵亚文, 等. 国际湿地城市认证及我国推进的建议 [J]. 世界林业研究, 2017, 30(6): 6.

王建华, 吕宪国. 城市湿地概念和功能及中国城市湿地保护 [J]. 生态学杂志, 2007, 26(4): 6.

王龙欢, 贾炳浩, 戈晓宇. 1980—2015年气候变化对中国城市绿色基础设施的影响 [J]. 风景园林, 2021, 28(11): 55-60.

王猛, 郑硕, 张裕坦, 等. 大庆龙凤湿地动植物资源研究现状 [J]. 畜牧与饲料科学, 2017, 38(1): 75-77, 82.

王晓樱. 海口: 城市与湿地和谐共生 [J]. 中华建设, 2019(4): 21.

吴成胜. 湿地使者社会认同的质性研究 [D]. 长沙: 长沙理工大学, 2010.

吴庆洲, 李炎, 吴运江, 等. 赣州古城理水经验对"海绵城市"建设的启示 [J]. 城市规划, 2020, 44(3): 84-92, 101.

吴琼, 王如松, 李宏卿, 等. 生态城市指标体系与评价方法 [J]. 生态学报, 2005, 25(8): 6-8.

吴文. 杭州西湖风景名胜区的历史沿革与发展研究 (1949—2004)[D]. 北京: 清华大学, 2004.

吴艳. 环绕洱海的历史 [J]. 大理文化, 2018(6): 11.

伍磊. 宋元之际四川主要城市地理分布格局演变探析 [J]. 中国历史地理论丛, 2018, 33(1): 10.

席婧. 北京园博湖人工湿地系统水质净化功能研究 [D]. 北京: 中国林业科学研究院, 2015.

谢鹏. 福寿沟的建造与赣州城近"千年不涝"的关系探析 [J]. 新西部 (理论版), 2016(15): 105-106.

谢少亮. 广州古城空间格局保护研究 [D]. 广州: 华南理工大学. 2015.

谢长坤, 梁安泽, 车生泉. 生态城市、园林城市和生态园林城市内涵比较研究 [J]. 城市建筑, 2018(33): 16-21.

徐慧. 古代济南区域山水环境的形成与发展研究 [D]. 北京: 北京林业大学. 2017.

许怀林. "舟船之盛, 尽于江西"——历史上江西的航运业 [J]. 江西师范大学学报 (哲学社会科学版), 1988(1): 7.

颜雄, 魏贤亮, 魏千贺, 等. 湖泊湿地保护与修复研究进展 [J]. 山东农业科学, 2017, 49(5): 151-158.

杨婵容. 中国古典园林的艺术欣赏——以苏州拙政园为例 [J]. 九江学院学报 (社会科学版), 2021(3): 104.

参考文献

219

杨龙，王香春，储杨阳，等.城市湿地生态系统服务功能及其优化路径研究[J].建设科技，2022(5): 89-92.

姚丽芬.游客环保行为影响机理及引导政策研究[D].徐州: 中国矿业大学(江苏), 2019.

尹超.南京古城空间格局保护研究[D].南京: 东南大学, 2007.

张成岗，张尚弘.都江堰: 水利工程史上的奇迹[J].工程研究: 跨学科视野中的工程, 2004(1): 7.

张昊楠，秦卫华，周大庆，等.中国自然保护区生态旅游活动现状[J].生态与农村环境学报，2016, 32 (1) : 24-29.

张慧，李智，刘光，等.中国城市湿地研究进展[J].湿地科学, 2016, 14(1): 103-107.

张慧.基于生态服务功能的南京市生态安全格局研究[D].南京: 南京师范大学, 2016.

张建华.农耕时代济南泉城聚落环境景观的溯考与思索 ——有感于济南泉水申遗走入国家程序之时[J].城市规划, 2011: 89-93.

张建松.水、水文化与城市发展[J].华北水利水电大学学报(社会科学版), 2014, 30(4): 1-4.

张坤.我国城市湿地公园建设存在的问题及对策建议[J].商品与质量, 2015(47): 84-84.

张曼胤，崔丽娟，郭子良，等."湿地城市"的理念, 内涵与展望[J].湿地科学与管理, 2017, 13(4): 63-66.

张瞳煦.太湖流域历史城市人居环境营造理论与方法研究——以江苏常熟为例[D].西安: 西安建筑科技大学, 2013.

张颖.西安浐灞城市湿地功能分析[D].西安: 西安科技大学, 2017.

张宇.美丽中国视角下的城市山水格局空间架构研究——以济南为例[D].济南: 山东建筑大学, 2015.

赵斌.北方地区泉水聚落形态研究[D].天津: 天津大学, 2015.

郑策，张立涛.基于天津河流地貌特征对城市发展影响浅析[J].中小企业管理与科技(上旬刊), 2016(8): 51-52.

郑华敏.论城市湖泊对城市的作用[J].南平师专学报, 2007, 26(2): 4.

郑磐基.关于建立自然保护小区的研究，环境与开发, 1994, 9(3): 289-293.

郑强羽.古代城市滨水景观设计解析及对现代启示——以阆中古城为例[J].美术教育研究, 2016(15): 1.

周素芬，胡静.人工湿地在生态城市建设中的作用[J].氨基酸和生物资源, 2006, 28(1): 4.

周维权.中国古典园林史[M].北京: 清华大学出版社, 1999.

HOWARD E. To-morrow: a peaceful path to real reform[J]. Swan Sonnenschein & Co.: London, UK, 1898: 6-7.

LAROS M (Ed). Local Action for Biodiversity Guidebook: Biodiversity Management for Local Governments[M]. Local Action for Biodiversity, ICLEI-Local Governments for Sustainability, 2010.

TRUU M, JUHANSON J, TRUU J. Microbial biomass, activity and community composition in constructed wetlands[J]. Science of the Total Environment, 2009, 407(13): 3958–3971.

United Nations. Department of Economic and Social Affairs. The World's Cities in 2016[M]. UN, 2016.

XU W H, FAN X Y, MA J G, et al. Hidden loss of wetlands in China[J]. Current Biology, 2019, 29: 3065–3071.

Abstract

Urban wetlands are all the wetlands located in cities. For thousands of years, human beings have been living near water and inhabiting around the water. Settlements and cities have emerged, developed and flourished from wetlands, while urban wetlands brighten the skyscrapers in the bustling cities. Whether it is the vast lake reflecting inverted images of the buildings, water canals and rivers surrounding the city, or the small ponds in front or back of the house, are telling the story of close connection between wetlands and the city, just as lips and teeth. Urban wetlands are the closest wetlands to people, providing humans with a rich variety of resources and functions. "Breathing sponge", "efficient purifier and regulator", "fertile cradle of life" and "beautiful green pearl" all vividly depict the well-being that they bring to human-beings. Thus, urban wetlands not only witness the rise and fall of human civilization, but also support the prosperous development of cities, as well as are the indispensable green spaces in our livelihood.

The book is compiled in the scientific, popular and artistic language, which is focused on the relationship between cities and wetlands and aimed to deliver scientific knowledge to readers. By introducing the types and functions of urban wetlands, the ancient and modern relationship between wetlands and cities, and the conservation and restoration of urban wetlands, it provides a way for the readers to understand and know urban wetlands, popularizes wetland knowledge and raises awareness of wetland conservation to the general public.

The book consists of eight chapters, namely *Urban Wetlands Originating from Lives around Water*, *Wetlands Nourishing the City*, *Wetlands Mirroring the History of the City*, *Homes Floating on Wetlands*, *City and Wetlands Merging into Reality*, *Fall of Wetlands Seen Everywhere*, *Wetlands Protection and Their New Looks* and *Taking Actions Bit by Bit for the Future*.

The chapter of *Urban Wetlands Originating from Lives around Water* is focused on a series of questions, e.g., "What are urban wetlands? What types of urban wetlands are included? What are the characteristics of different types of urban wetlands?". It clarifies that urban wetlands are various types of wetlands distributed in cities, both as a unique wetland type and as a separate research field and object. Also, the chapter introduces different types of urban wetlands such as rivers, lakes, marshes, tailwater wetlands, landscape water bodies and small wetland complexes from the dimension of urban water system — a criss-crossing living network, and explains profound theories of their respective characteristics in simple language, leading the reader to take a first glimpse of the charm and elegance of urban wetlands and explore the harmonious coexistence of human and nature together.

Through visual metaphors including "the breathing sponge, beautiful water landscape, efficient purifier, happy regulator, rich cradle of life, and natural support system" , the chapter of *Wetlands Nourishing the City* systematically and scientifically introduces the functions and benefits brought by urban wetlands, such as flood control, landscape enhancement, pollution purification, dust reduction and cooling, biological protection, green support, and cultural inheritance. Urban wetlands provide a variety of resources and benefits for urban production and human livelihood, nestling with the city, and becoming the indispensable green space in the city. After reading the chapter, readers can further understand the role and significance of urban wetlands and enjoy the natural gifts from them.

From the perspective of the historical causes of urban development and prosperity, the chapter of *Wetlands Mirroring the History of the City* introduces the historical association and development of wetland cities along the Beijing-Hangzhou Grand Canal, cities along the ancient shipping routes of Jiangxi and Sichuan, the magical heritage of the Dujiangyan Irrigation System, the ancient city of Liangzhu near Hangzhou, the blessing of Fusugou in Ganzhou, Dongting Lake in Yueyang, Erhai Lake in Dali, and mudflat wetlands in Yancheng. It also narrates the thriving civilization development with humans living near water over thousands of years, and presents the historical process during which communities and cities came into being, prospered and bloomed thanks to wetlands. Through the introduction of this chapter, readers can know the growth and prosperity of cities due to wetlands in the course of history.

From the perspective of spatial pattern and historical evolution of cities and wetlands, and on the scale of ancient, transitional and modern times, the chapter of *Home Floating on Wetlands* systematically introduces the wetland spatial pattern and its evolution in famous cities of China, including Wuhan, Nanjing, Guangzhou, Jinan, Suzhou, Panjin, Langzhong, Changshu, Nanchang, Jiujiang. It elaborates on the historical trajectory of the flourishing development of ancient wetland cities in the long history, as well as the close relation between wetlands and the origin of ancient civilization, the selection of ancient city sites and the historical evolution of ancient cities. This chapter leads readers to savor the wetland charm of each ancient city and to appreciate ecological landscape that has been precipitated for thousand years.

From the perspective of harmonious development and common prosperity of both cities and wetlands, the chapter of *City and Wetlands Merging into Reality* elaborates and introduces real-life examples and experiences of sustainable urban development, establishment of international wetland cities, construction of small wetlands in communities, tourism development of wetland cities, and ecological cities, forest cities, garden cities, and landscape cities. It shows that wetlands are a non-negligible part of the historical process of modern urban development, and also a key factor related to the future of human beings and cities. After reading this chapter, readers can get an in-depth understanding of the current development path of cities and wetlands, form a broad consensus on urban green development and advance together towards the future of harmonious development of both cities and natural landscapes, as well as urban and rural settlements.

With an anthropomorphic and artistic narrative method, the chapter of *Fall of Wetlands Seen Everywhere* focuses on the dilemma brought to urban wetlands by the rapid expansion of cities, the invasion of fast-food culture and the disorderly use by humans, such as the filling of wetlands, the pollution of water bodies, the decline of biodiversity, the weakening function of ecological buffer and the loss of wetland culture. It alerts readers that they should not turn a blind eye to the devastation of wetlands, but listen carefully to the mourning sung by the destroyed wetlands, introspect on our arrogance, and raise our awareness of the suffering experienced and endured by wetland life, take joint measures to repair the wetlands around us and create a beautiful ecological home.

The chapter of *Wetlands Protection and Their New Looks* aims to solve the fall of urban wetlands, from policy protection, management mechanism, protection system, ecological restoration, popular science and education, scientific research and monitoring, international exchange and cooperation, combined with living cases and examples. It introduces urban wetland conservation and restoration measures in a systematic and scientific manner, which continuously improve the ecological quality of urban wetlands, and form a diversified urban wetland conservation system with wetland parks and wetland protection communities as the main body. Readers are led to start a journey of urban wetland conservation experience, with the desire to live in harmony with nature returning to the heart, and the purity and beauty of nature in the depths of memory returning to reality.

The chapter of *Taking Actions Bit by Bit for the Future*, targeting at the concept of wetland conservation being deeply rooted in the hearts of the public and the formation of values for wetland conservation, from the aspects of volunteer action, friendly bird watching, garbage sorting, civilized touring and water conservation. It expounds what actions we should take to protect wetlands and promote the harmonious development of cities and wetlands, and guide the public to gradually understand the significance of wetlands and take the initiative to join together to conserve wetlands, and calls on readers to take actions to protect the wetlands around us, starting from one's own and daily life, so as to contribute to the harmonious development of the city, people and nature.

This book is one of a popular science series on wetlands in China. It is hoped that young people and the general public can learn about wetlands through the book, get to know and understand the wetlands around us from a scientific perspective, consciously protect the precious wetland resources, and make their own contribution to building a beautiful China.

Abstract